纺织服装高等教育“十二五”部委级规划教材
高职高专纺织类项目教学系列教材

# 纺织顶岗实习指导教程

FANGZHI DINGGANG SHIXI ZHIDAO JIAOCHENG

罗炳金 主 编
王 艳 副主编

東華大學出版社

## 内 容 提 要

本书根据学生已学习专业知识的特点和实习岗位对知识和技能的需要，精练地归纳了纺织原料、机织面料、纺纱工艺、机织工艺的常用知识，依据机织物生产工作过程设置了五个实训项目，分别为纺织纤维及其应用、纱线及其应用、机织物及其设计、纺纱工艺、机织工艺等实训项目，每个项目又分“知识梳理”“技能训练与能力扩展”两个模块，并围绕每个项目设计工作任务，明确相应的知识目标和技能目标，同时对各实训项目进行系统的论述和介绍，从而为顶岗实习的学生提供“学做合一”的实习指导。

本书可作为高职高专院校纺织专业学生顶岗实习的指导教材，也可供相关专业的学生和相关职业的从业人员学习参考。

**图书在版编目(CIP)数据**

纺织顶岗实习指导教程/罗炳金，王艳主编．—上海：东华大学出版社，2011.10

ISBN 978-7-81111-953-4

Ⅰ.①纺… Ⅱ.①罗…②王… Ⅲ.①纺织工业—实习—教材 Ⅳ.①TS1

中国版本图书馆 CIP 数据核字(2011)第 208293 号

**责任编辑：**张 静

**封面设计：**李 博

**纺织顶岗实习指导教程**

罗炳金 主 编

王 艳 副主编

东华大学出版社出版

上海市延安西路 1882 号

邮政编码：200051 电话：(021)62193056

新华书店上海发行所发行 苏州望电印刷有限公司印刷

开本：787×1092 1/16 印张：10.75 字数：274 千字

2012 年 1 月第 1 版 2012 年 1 月第 1 次印刷

ISBN 978-7-81111-953-4/TS・291

定价：25.00 元

# 前　言

本书针对高职教学“2＋1”(两年在校内学习，一年在企业实习)或“2.5＋0.5”(两年半在校内学习，半年在企业实习)的特点，结合高职教育人才培养模式改革的需要，基于工作过程，以职业活动过程为导向，以加强学生专业技能和实践能力的培养为目的，使顶岗实习学生的职业素质和职业能力更好地适应就业岗位而编写的一本实习指导教程。

本书根据学生在校内已经学过专业知识的特点和实习岗位对知识和技能的需要，比较精练地归纳了纺织原料、机织面料、纺纱工艺、机织工艺的常用知识，依据机织物生产工艺过程设置实训项目，围绕每个项目设计工作任务，明确相应的知识目标和技能目标，并对各实训项目进行了系统的论述和介绍，从而为顶岗实习的学生提供“学做合一”实习指导。

依据纺织专业学生实习岗位群的特点，本书在编写结构上，全书共设置五个项目，分别为纺织纤维及其应用、纱线及其应用、机织物及其设计、纺纱工艺、机织工艺等实训项目，而每个项目又分“知识梳理”“技能训练与能力扩展”两个模块。

“知识梳理”模块把学生已经学过的专业知识进行提炼和归纳，为学生在企业实习过程中碰到专业知识问题时能够提供指导。“技能训练与能力扩展”模块则以提出问题和加以解答的形式进行编写(全书共涉及近百个问题)，很多问题结合生产实际或者根据生产实际需要而提出，同时，这一模块内容也是“知识梳理”模块内容的深化和应用，通过这一模块内容的安排，有利于学生实际技能的培养和应用能力的提高。

本书项目一、项目二、项目三、项目五由浙江纺织服装职业技术学院罗炳金老师编写，项目四由浙江纺织服装职业技术学院王艳老师编写。

编　者

# 目　录

# 实训项目一

# 纺织纤维及其应用

## 实训目标

**实训任务**

通过实习，熟悉各类纺织纤维的基本特征和性能，能够对主要的纺织纤维进行性能测试和鉴别，能够根据不同的织物要求正确选择合适的纤维，并为今后生产实践打下坚实基础。

**知识目标**

1. 熟悉各类纺织纤维的基本结构、特征、性能和测试方法；
2. 熟练掌握各类纺织纤维的基本特性和共性对其后加工工艺的影响。

**能力目标**

1. 能够对主要的纺织纤维进行性能测试和鉴别；
2. 能够根据不同的纱线和织物要求正确选择合适的纤维。

## 知识梳理

### 一、纤维分类

纺织纤维按来源可以分为天然纤维和化学纤维两大类。

**1. 天然纤维**

指由自然界直接取得的纤维(表 1-1)。

**表 1-1　主要天然纤维的来源、分类与名称**

| 分类 | 定义 | 组成物质 | 纤维来源 |
|---|---|---|---|
| 植物纤维 | 取自于植物种子、茎、韧皮、叶或果实的纤维 | 主要组成物质为纤维素 | ① 种子纤维:棉<br>② 韧皮纤维:苎麻、亚麻、大麻(汉麻)、黄麻、红麻、罗布麻等<br>③ 叶纤维:剑麻、蕉麻、菠萝叶纤维等<br>④ 果实纤维:木棉、椰子纤维<br>⑤ 竹纤维:竹子纤维 |

（续 表）

| 分类 | 定义 | 组成物质 | 纤维来源 |
| --- | --- | --- | --- |
| 动物纤维 | 取自于动物的毛发或分泌液的纤维 | 主要组成物质为蛋白质 | ① 毛纤维：绵羊毛、山羊毛、骆驼毛、驼羊毛、兔毛、牦牛毛、马海毛、羽绒、变性羊毛等<br>② 丝纤维：桑蚕丝、蜘蛛丝等 |
| 矿物纤维 | 从纤维状结构的矿物岩石中获得的纤维 | 二氧化硅、氧化铝、氧化铁、氧化镁等 | 各类石棉等 |

**2. 化学纤维**

指用天然的或合成的高聚物为原料，经过化学合成或机械加工制造而成的纺织纤维（表1-2）。

**表 1-2　化学纤维的分类及名称**

| 分类 | 定　义 | 纤　维　来　源 |
| --- | --- | --- |
| 再生纤维 | 以天然高聚物为原料制成浆液，其化学组成基本不变，并高纯净化后制成的纤维 | ① 再生纤维素纤推：指用木材、棉短绒、蔗渣、麻、竹类、海藻等天然纤维素物质制成的纤维，如黏胶纤维、Modal 纤维、铜氨纤维、竹浆纤维、醋酯纤维、Lyocell 纤维、富强纤维等<br>② 再生蛋白质纤维：指用酪素、大豆、花生、毛发类、丝素、丝胶等天然蛋白质制成的纤维<br>③ 再生淀粉纤维：指用玉米、谷类淀粉物质制取的纤维，如聚乳酸纤维(PLA) |
| 合成纤维 | 以石油、煤、天燃气及一些农副产品为原料制成单体，经化学合成为高聚物，再纺制的纤维 | ① 涤纶：指大分子链中的各链节通过酯基相连的成纤聚合物纺制的合成纤维<br>② 锦纶：指其分子主链由酰胺键连接起来的一类合成纤维<br>③ 腈纶：通常指含丙烯腈在 85%以上的丙烯腈共聚物或均聚物纤维<br>④ 丙纶：分子组成为聚丙烯的合成纤维<br>⑤ 维纶：聚乙烯醇在后加工中经缩甲醛处理所得的纤维<br>⑥ 氯纶：分子组成为聚氯乙烯的合成纤维 |
| 无机纤维 | 以天然无机物或含碳高聚物纤维为原料，经人工抽丝或直接炭化制成的无机纤维 | ① 玻璃纤维：以玻璃为原料，拉丝成形的纤维<br>② 金属纤维：以金属物质制成的纤维<br>③ 陶瓷纤维：以陶瓷类物质制得的纤维，如氧化铝纤维、碳化硅纤维、多晶氧化物<br>④ 碳纤维：是指以高聚物合成纤维为原料，经炭化加工而制取，化学组成中碳元素占总重量 90%以上的纤维，是无机化的高聚物纤维 |

**3. 其他分类方法**

按照纤维长度与细度，有棉型（38～51 mm）、毛型（64～114 mm）、丝型（长丝）、中长型（51～76 mm）、超细型（<0.9 dtex）之分。

按照纤维截面形态，有普通圆形、中空和异形纤维以及环状或皮芯纤维。

化学纤维有高速纺丝、牵伸丝（DTY）、预取向或全取向丝（POY 或 FOY）、变形丝等。

## 二、天然纤维

### （一）棉纤维

**1. 按纤维长度和细度分**

**(1) 细绒棉**　又称陆地棉。其长度为23～33 mm，线密度为1.5～2 dtex。色泽洁白或乳白，有丝光。可纺制10～100 tex的棉纱，是纺织的主要原料。棉纤维中，85%以上是细绒棉。

**(2) 长绒棉**　又称海岛棉。较细绒棉细且长度长，品质优良。其长度为33～45 mm，最长可达64 mm；线密度为1～1.9 dtex。色泽乳白或淡棕色，富有丝光。用于纺制高档轻薄和特种棉纺织品。长绒棉的产量约占棉纤维总产量的10%。

**2. 按照棉花的初加工分**

从棉田采得的棉花，纤维与棉籽是连在一起的，称为籽棉。籽棉不能直接用于纺纱，必须先将棉纤维与棉籽分离。分离的工艺过程就是棉花的初加工，或称轧花。轧花后的棉纤维称为皮棉，皮棉经分级打包成一定规格和重量的棉包（即原棉）后，就可送棉纺厂使用，加工成纱。

籽棉经轧花后，所得到的皮棉重量占原来籽棉重量的百分率，称为衣分率。根据籽棉初加工采用的轧棉机不同，分别得到皮棉和锯齿棉。

**(1) 锯齿加工**　锯齿轧棉机是利用几十片圆形锯片抓住籽棉，并带住籽棉通过嵌在锯片中间的肋条，由于棉籽尺寸大于肋条间隙而被阻止，从而使纤维与棉籽分离。

锯齿棉含杂、含短绒较少，纤维长度较整齐。但由于轧棉作用剧烈，易损伤纤维，也易产生轧工疵点，使棉结、索丝和带纤维籽屑含量较高。

**(2) 皮辊加工**　皮辊轧棉机是利用表面粗糙的皮辊黏住籽棉，带住籽棉通过一对定刀和冲击刀。定刀与皮辊靠得较紧，使籽棉不能通过。冲击刀在定刀外侧上下冲击，使纤维与棉籽分离。

皮辊棉含杂、含短绒较多，纤维长度整齐度差。但皮辊轧棉机的作用缓和，不易损伤纤维，轧工疵点较少。

**3. 棉纤维形态结构**

**(1) 棉纤维的截面形态**　正常成熟的棉纤维，截面是不规则的腰圆形，内有中腔。未成熟的棉纤维，截面形态极扁，中腔很大。过成熟的棉纤维，截面呈圆形，中腔极小。

棉纤维的截面由外至内主要由初生层、次生层和中腔三个部分组成。

① 初生层　初生层为棉纤维在伸长期形成的初生细胞壁，它的外壁是一层很薄的蜡质和果胶，表面有深浅不同的细长状皱纹。外皮之下是纤维的初生细胞。

② 次生层　它是纤维中的主体部分，几乎都是纤维素，决定了棉纤维的主要物理性能。由于每日温差的关系，棉纤维逐日淀积一层纤维素，形成了棉纤维的日轮。纤维素在次生层中的淀积并不均匀，以束状小纤维的形态与纤维轴倾斜呈螺旋形，并沿纤维长度方向有转向，这是棉纤维具有天然转曲的原因。

③ 中腔　中腔是棉纤维停止生长后留下的空隙，同一品种的棉纤维，外周长大致相等，次生层厚时，中腔小；次生层薄时，中腔大。

**(2) 棉纤维的纵向形态**　棉纤维是一端封闭的管状细胞，中间较粗，两端较细，纵向呈转曲的带状。

棉纤维的天然转曲，沿纤维长度方向不断改变转向。棉纤维单位长度上扭转半周的个数称为转曲数。长绒棉的转曲数比细绒棉多。

天然转曲是棉纤维特有的形态特征。天然转曲的多少取决于成熟度和棉花的品种，成熟正常的棉纤维，转曲最多；未成熟的棉纤维呈薄壁管状物，转曲少；过成熟的棉纤维呈棒状，转曲也少。

天然转曲使棉纤维具有良好的抱合力，有利于纺纱工艺过程的正常进行和成纱质量的提高。但转曲次数过多的棉纤维，强度较低。

**4. 棉纤维的化学组成**

棉纤维的主要组成物质是纤维素。正常成熟的棉纤维，纤维素含量约为94%。此外还有少量的果胶、蜡质、蛋白质等物质。

纤维素是天然高分子化合物，化学结构式为$(C_6H_{10}O_5)_n$。棉蜡使棉纤维具有良好的适宜于纺纱的表面性能，但在棉纱、棉布漂染前，要经过煮练，以除去棉蜡，保证染色均匀。糖分含量较多的棉纤维，在纺纱过程中容易绕罗拉、绕皮辊等，必须在纺纱前用消糖剂喷洒，以降低糖分。

**5. 棉纤维的主要性能和纺纱品质**

**(1) 棉纤维的主要性能**

① 耐酸碱性　棉纤维耐碱不耐酸。酸可导致纤维素分解。常温下65%浓度的浓硫酸即可将棉纤维完全溶解。而棉纤维遇碱不会发生破坏，在一定浓度的碱液中，棉纤维截面会产生膨化，截面变圆，长度缩短，天然转曲消失，若此时给纤维以拉伸作用，会使纤维呈现丝一般的光泽，洗去碱液后，光泽仍可保持，这一处理称为丝光。但浓碱高温对棉纤维有破坏作用。

② 吸湿性和吸水性　棉纤维在标准状态下的回潮率为7%～8%；其湿态强度大于干态强度，两者的比值为1.1～1.15。

③ 染色性　棉纤维的吸湿性强，一般染料均可对棉纤维染色。

④ 耐热性　棉纤维在100℃的高温下处理8 h，强度不受影响；棉纤维在150℃时分解，在320℃时起火燃烧。

⑤ 比电阻　棉纤维的比电阻较低，在加工和使用过程中不易产生静电。

**(2) 棉纤维的纺纱性质**

① 长度　棉纤维的长度与成纱质量的关系十分密切。一般，长度越长且长度整齐度越高，短绒越少，可纺的纱越细，纱线条干越均匀，强度高，且表面光洁、毛羽少。

棉纤维的长度与纺纱工艺的关系也十分密切。棉纺设备的结构、尺寸及各道工序的工艺参数，都必须与所用纤维的长度密切配合。

棉纤维的长度也是影响纺纱工艺及成纱质量的重要因素。短绒含量多，则纺纱困难，成纱质量差。所以，短绒率(纤维长度短于某一长度界限的纤维重量占纤维总重量的百分率)也是一个重要指标。

② 线密度(细度)　棉纤维的线密度(细度)指标是指纤维单位长度的重量克数,用分特(dtex)表示。

棉纤维的线密度取决于棉花品种、生长条件等因素。一般长绒棉较细,其线密度为1.11～1.43 dtex(9 000～7 000 公支),细绒棉较粗,其线密度约为 1.43～2.22 dtex(7 000～4 500 公支)。

棉纤维的线密度对成纱质量有一定的影响。一般情况下,线密度小,有利于成纱强度和条干均匀度,可纺较细的纱。但纤维太细时,不仅加工困难,而且纤维容易扭结、折断,形成棉结、短纤维,反而对成纱质量有害。

③ 成熟度　成熟度是指棉纤维中细胞壁的增厚程度,它是能反映棉纤维的内在质量的综合指标,与纤维的各项物理性能都有密切的关系。正常成熟的棉纤维,其截面粗、强度高、弹性好、有丝光、天然转曲多、抱合力大,对加工性能和成纱品质都有利。而成熟度差的棉纤维,线密度较小、强度低、天然转曲少、抱合力差、吸湿较多,且染色性和弹性较差,加工中经不起打击,容易纠缠成棉结。过成熟的棉纤维,线密度偏粗,天然转曲少,成纱强度低。

表示成熟度的指标是成熟系数,是指棉纤维中段截面恢复成圆形后相应于双层壁厚与外径之比的标定值。成熟系数越大,表示棉纤维越成熟。一般正常成熟的细绒棉,平均成熟系数为 1.5～2.0。成熟系数为 1.7～1.8 时,对纺纱工艺和成纱质量都较理想。长绒棉的成熟系数,如用同样的腔宽壁厚比值来看,较细绒棉高些,通常为 2.0 左右。

④ 吸湿性　国产原棉的回潮率一般为 8%～13%。我国规定原棉的标准含水率为 10%。原棉含水的多少会影响质量、用棉量的计算及以后的纺纱工艺。回潮率太高的原棉,不易开松除杂,影响开清棉工序的顺利进行;回潮率太低,则易产生静电现象,导致绕罗拉、绕皮辊、纱条中纤维紊乱、成纱条干不均匀等。

⑤ 强伸性　棉纤维在纺织加工过程中不断受到外力的作用,要求纤维必须具备一定的强度,并且纤维强度越高,纺得的纱线强度也越高。棉纤维的强度取决于纤维的品种、粗细等。一般,细绒棉的断裂长度为 20～30 km,长绒棉则更长。

⑥ 天然转曲　棉纤维的天然转曲较多时,纤维之间的抱合力大,有利于成纱质量。一般,天然转曲越多的纤维,其品质越好。

⑦ 杂质和疵点　杂质是指原棉中夹杂的非纤维性物质,例如泥沙、枝叶、铃壳、不孕籽、棉籽、籽棉等。杂质对纺纱工艺和成品品质有较大影响,应在清花和梳棉、精梳工序中去除。

疵点是原棉中存在的有害于纺纱的纤维性物质,主要有索丝、棉结、黄根、带纤维籽屑、不孕籽等。疵点在纺纱过程中不易清除,特别是细小疵点,往往包卷在纱条中或附着在纱条上,使纱线条干恶化、断头增加,影响成纱的外观质量。

**6. 原棉检验**

我国原棉检验的方法以感官检验为主、仪器测试为辅。感官检验是依靠人们的感官,如手扯、手摸、眼看、耳听等,根据个人长期积累的经验来检验原棉的各种性能。仪器检验是利用仪器来测量原棉的各种性能,如长度、线密度、强伸度、成熟度、含水、含杂等。

品级、长度、异性纤维和棉结,以感官检验为准;马克隆值、回潮率、杂质和短绒率,以仪器测试为准。检验的顺序为:取样→检回潮率→检含杂率→检品级→检长度→检马克隆值→检异性纤维→检棉结→检短纤维率。其中品级、手扯长度、含水和含杂四项检验称为业务检验，在原棉的工商交接验收时，根据前两项确定价格，根据后两项确定原棉质量。

**7. 原棉质量标识和刷唛格式**

为了交接和使用时方便，每批原棉在品级、手扯长度等确定之后，规定将其以代号形式刷在棉包上，称为原棉质量标识或唛头代号，按棉花类型、品级、长度级、马克隆值级顺序表示。六七级棉花不标马克隆值级。

类型代号：黄棉以Y标示，灰棉以G标示，白棉不做标示。

品级代号：一级至七级用1～7标示；

长度级代号：25 mm至31 mm用25～31标示；

马克隆值级代号：A、B、C级分别用A、B、C标示；

皮辊棉、锯齿棉代号：皮辊棉在质量标识下方画横线，锯齿棉不做标示。

例如：

一级锯齿白棉，长度29 mm，马克隆值A级，质量标识为：129A；

三级皮辊白棉，长度28 mm，马克隆值B级，质量标识为：<u>328B</u>；

四级锯齿黄棉，长度27 mm，马克隆值B级，质量标识为：Y427B；

五级锯齿白棉，长度27 mm，马克隆值C级，质量标识为：527C；

六级锯齿灰棉，质量标识为：G625。

## （二）彩色棉

天然彩色棉是采用现代生物工程技术培育出来的一种在棉花吐絮时纤维就具有天然色彩的新型纺织原料。彩色棉制品有利于人体健康以及在纺织过程中减少印染工序，迎合了人类提出的“绿色革命”口号，减少了对环境的污染。

**1. 彩棉的特点**

彩色棉的环保特性和天然色泽非常符合现代人生活的品味需求，由于它未经任何化学处理，某些纱线、面料品种上还保留一些棉籽壳，体现其回归自然的感觉。

① 舒适　亲和皮肤，对皮肤无刺激，符合环保及人体健康要求。

② 抗静电　由于棉纤的回潮率较高，不起静电，不起球。

③ 透汗性好　吸附人体皮肤表面的汗水和微汗，使体温迅速恢复正常，真正达到透气、吸汗的效果。

④ 绿色环保　彩棉色泽为天然长成，加工过程中无需印染，织物不残留有害化学物质，既保护环境，也有利于人体健康。

棉花纤维表面有一层蜡质，普通白色棉纤维在印染和后整理过程中，均使用各种化学物质进行处理，以消除蜡质，加上染料的色泽鲜艳，视觉反差大，故而鲜亮。彩棉在加工过程中未使用化学物质处理，保留了天然纤维的特点，由此产生一种朦朦胧胧的视觉效果，织物鲜亮度则低于印染加工面料。

**(1) 彩棉的鉴别**　将一块彩棉面料放入40℃的洗衣粉溶液中浸泡6 h（目的是为了去除纤维表面的蜡质层），然后用清水洗涤干净，待干燥后观察其色泽变化，如色泽加深，则为真品；否则属伪制品。

**(2) 彩棉织物的洗涤** 彩色棉的色彩源于天然色素，其中个别色素(如绿、灰、褐色)遇酸会发生变化，因此，洗涤彩色棉制品时不能使用带酸性的洗涤剂，而应选用中性肥皂和洗涤剂，同时注意将洗涤剂溶解均匀后再将衣服浸泡在其中。

**2. 彩棉的纺纱性能**

**(1) 彩棉的主要物理指标** 长度偏短，强度偏低，马克隆值高低差异大，长度整齐度较差，短绒含量高，棉结高低不一致，均匀度低。

**(2) 外观方面** 因纤维色素不稳定，纤维色泽不均匀，日晒后色泽变淡或褪色，水洗后色泽变深，部分彩色棉还出现有色、白色和中间色纤维。

彩棉的各项物理指标均差于白棉。因此，在其纺纱过程中，飞花较多。在相同的工艺条件下，精梳梳棉比白棉的落棉大，粗纱、细纱断头率高。纺纱时，粗纱的相对捻度应比白棉大，纺纱线密度范围受到限制，一般精梳大于 14.5 tex，普梳大于18.2 tex。

## (三) 羊毛纤维

羊毛具有许多优良特性，如手感丰满、吸湿能力强、保暖、弹性好、不易沾污、光泽柔和、染色性优良和独特的缩绒性等。

**1. 羊毛纤维的组成与形态结构**

**(1) 羊毛纤维的主要组成物质** 羊毛纤维的主要组成物质是一种不溶性蛋白质，称为角朊。它由多种 α-氨基酸缩合而成，组成元素除碳、氢、氧、氮外还有硫。

**(2) 羊毛纤维的形态结构**

① 羊毛纤维的纵向形态 羊毛纤维的纵向呈鳞片状覆盖的圆柱体，并带有天然卷曲。

② 羊毛纤维的截面形态 细羊毛纤维的截面近似圆形，粗羊毛的截面呈椭圆形，死毛的截面呈扁圆形。羊毛纤维的截面由外至内由表皮层、皮质层(有时还有髓质层)组成。

表皮层由片状角朊细胞组成，它们像鱼鳞或瓦片一样重叠覆盖，包覆在羊毛纤维的表面，所以又称鳞片层。表皮层对羊毛纤维起保护作用，防止羊毛受外界条件的影响而引起的性质变化。

皮质层是羊毛纤维的主要组成部分，由稍扁的角朊细胞组成。它决定了羊毛纤维的物理性质。从纤维的横截面观察，皮质层有两种不同的皮质细胞，即结构疏松的正皮质和结构紧密的偏皮质(又称副皮质)，它们的性质有所不同。细羊毛中，正皮质和偏皮质分别居于纤维的两侧，形成双侧结构，并沿长度方向不断改变。由于两种皮质层的物理性质不同引起的不平衡，形成了羊毛的卷曲。正皮质处于卷曲弧形的外侧，偏皮质处于卷曲弧形的内侧，如果羊毛中正、偏皮质的比例差异很大或呈皮芯分布，则其卷曲就不明显。羊毛的皮质层发育越完善，所占比例越大，纤维的品质就越优良，表现为强度、卷曲、弹性等都较好。皮质层中还存在天然色素，这也是有些羊毛的颜色难以去掉的原因。

髓质层由结构松散和充满空气的角朊细胞组成，细胞间相互联系较差且呈暗黑色。髓质层的存在使纤维的强度、卷曲、弹性、染色性等都变差，影响纤维的纺纱价值。一般羊毛越粗，髓质层的比例越大。并不是所有的羊毛都有这一层，品质优良的羊毛纤维可以不具有髓质层，或只有断续的髓质层。

**2. 羊毛的分类**

**(1) 按毛被上的纤维类型分**

① 同质毛　羊体各毛丛由同一种类型的毛纤维组成，纤维细度、长度基本一致，质量较优。我国新疆细羊毛及各国的美利奴羊毛多属同质毛。

② 异质毛　羊体各毛丛由两种及以上类型的毛纤维组成，质量不及同质毛。土种毛和我国低代改良毛多属异质毛。

**(2) 按纤维粗细分**

① 细羊毛　品质支数为 60 及以上、毛纤维平均直径为 25.0 μm 的即属此类。

② 半细羊毛　品质支数为 36～58、平均直径为 25.1～55.1 μm 的同质毛即属此类。

**3. 羊毛纤维的品质特征和性能**

**(1) 羊毛纤维的长度**　羊毛长度对毛纱品质有很大影响。细度相同的毛，纤维长的可纺高支纱；当纱的细度一定时，长的纤维纺出的纱，强度高，条干好且纺纱断头率低。

羊毛长度即纤维两端的长度。由于天然卷曲的存在，羊毛纤维的长度可分为自然长度和伸直长度。纤维束在自然卷曲下两端间的直线距离称为自然长度，一般用来表示毛丛长度。羊毛纤维除去卷曲伸直后的长度称为伸直长度。伸直长度代表羊毛的真实长度，毛纺生产中都采用伸直长度。

一般，国产细羊毛的长度为 5.5～12 cm，半细毛的长度可达 7～15 cm，粗羊毛则为 6～40 cm。

**(2) 羊毛纤维的细度**　羊毛纤维的细度与各项物理性能都有密切的关系。一般来说，羊毛越细，纵向就越均匀，且强度高、卷曲多、鳞片密、光泽柔和、脂汗含量高，但长度偏短。因此，细度是决定羊毛品质好坏的重要指标。表示羊毛细度的常用指标有平均直径和品质支数。

羊毛纤维的直径差异很大，最细的羊毛直径只有 7 μm，最粗的可达 240 μm。因此，一般用平均直径表示。

品质支数是毛纺织生产活动中长期沿用下来的一个指标。目前，商业交易以及毛纺工业中分级、制条工艺制定，都以品质支数作为重要依据。早期，羊毛的品质支数采用感观法评定，根据当时纺纱设备和技术水平及毛纺品质要求，把各种直径的羊毛实际可能纺得的支数叫做品质支数，以此来表示羊毛品质的好坏。目前，羊毛的品质支数仅表示羊毛直径在某一范围内(表 1-3)。

**表 1-3　羊毛品质支数与平均直径之间的对应关系**

| 品质支数 | 平均直径(μm) | 品质支数 | 平均直径(μm) |
| --- | --- | --- | --- |
| 70 | 18.1～20.0 | 48 | 31.1～34.0 |
| 66 | 20.1～21.5 | 46 | 34.1～37.0 |
| 64 | 21.6～23.0 | 44 | 37.1～40.0 |
| 60 | 23.1～25.0 | 40 | 40.1～43.0 |
| 58 | 25.1～27.0 | 36 | 43.1～55.0 |
| 56 | 27.1～29.0 | 32 | 55.1～67.0 |
| 50 | 29.1～31.0 | — | — |

**(3) 羊毛的卷曲**　羊毛的自然形态并非直线，而是沿长度方向有自然的周期性弯曲，称为卷曲。

羊毛的卷曲形态有多种。根据卷曲的深浅(即波高)及长短(即波宽)不同，卷曲形状可以分为三类。一类为弱卷曲，这类卷曲的特点是卷曲的弧不到半个圆周，沿纤维的长度方向比较平直，卷曲数较少，半细毛的卷曲大多属于这一类型；第二类为常卷曲，它的特点是卷曲的波形近似半圆形，细毛的卷曲大多属于这一类型；第三类类为强卷曲，它的特点是卷曲的波幅较高，卷曲数较多，细毛羊腹毛的卷曲大多属于这一类型。

卷曲是羊毛的重要品质特征。羊毛纤维的卷曲与毛被形态、缩绒性等都有一定关系，卷曲对成纱质量和织物风格也有很大影响。羊毛卷曲排列越整齐，毛被越能形成紧密的毛丛结构，就越能预防外来杂质和气候的影响，即羊毛的品质越好。常卷曲的羊毛具有正常的平面卷曲，手感柔软，可用于精梳毛纱，纺制有弹性的平滑光洁的纱线；强卷曲的羊毛可用于粗梳毛纺，纺制表面毛茸丰满、手感好、富有弹性的呢绒。

表示羊毛纤维卷曲多少的指标是卷曲数，表示卷曲深浅的指标是卷曲率，表示卷曲弹性的指标有卷曲回复率和卷曲弹性回复率。

**(4) 羊毛的摩擦性能和缩绒性**

① 羊毛的摩擦性能　由于鳞片的根部着生于毛干，梢部则按不同程度伸出纤维表面，并向外张开，其伸出方向指向羊毛尖部，使羊毛纤维具有定向摩擦效应，即逆鳞片方向的摩擦系数大于顺鳞片方向的摩擦系数。

② 羊毛的缩绒性　将洗净的羊毛纤维或织物给以湿热条件或化学试剂，鳞片就会张开，如同时加以反复摩擦、挤压，则由于定向摩擦效应，使纤维保持根部向前运动的方向性。这样，各纤维带着和它纠缠在一起的纤维按一定方向缓缓蠕动，使羊毛纤维啮合成毡，其织物收缩紧密。这一性质称为羊毛的缩绒性或毡缩性。

羊毛纤维优良的伸长能力和弹性回复性，能促使反复挤压时纤维的蠕动；羊毛纤维的天然卷曲，能使纤维交叉穿插。这些都有助于缩绒。缩绒使毛织物具有独特的风格，显示了羊毛的优良特性。另一方面，缩绒使毛织物在穿着中容易产生尺寸收缩和变形，这种收缩和变形不是一次完成的，每当织物洗涤时，收缩继续发生，但收缩比例逐渐减小。在洗涤过程中，揉搓、水、温度及洗涤剂等都会促进羊毛的缩绒。绒线针织物在穿用过程中，汗渍和受摩擦较多的部位，易产生毡合、起毛、起球等现象，影响了穿用的舒适性及美观。

羊毛防缩处理有两种方法。一是氧化法，又称降解法，它是利用化学试剂使羊毛鳞片变形，以降低摩擦效应，减少纤维单向运动和纠缠能力；通常使用的化学试剂有次氯酸钠、氯气、氯胺、氢氧化钾、高锰酸钾等。二是树脂法，也称添加法，是在羊毛上涂以树脂薄膜，减少或消除羊毛纤维之间的摩擦效应，或使纤维的相互交叉处黏结，从而限制纤维的相互移动，失去缩绒性；使用的树脂有尿醛、密胺甲醛、硅酮、聚丙烯酸酯等。

**(5) 羊毛纤维的吸湿性**　羊毛的吸湿性是常见纤维中最强的，用回潮率表示，标准大气条件下的回潮率为 15%～17%。

**(6) 羊毛纤维的强伸性**　羊毛纤维的拉伸强度是常用天然纤维中最低的，其断裂长度只有 9～18 km。一般羊毛细度较细，髓质层越少，其强度越高。

羊毛纤维拉伸后的伸长能力是常用天然纤维中最大的，其断裂伸长率干态下可达 25%～35%，湿态下可达 25%～50%。去除外力后，伸长的弹性回复能力也是常用天然纤维中最好的。所以,用羊毛织成的织物不易产生皱纹,具有良好的服用性能。

**(7) 热稳定性** 在一定的湿热条件和外力作用下,经过一定时间,会使羊毛纤维及其制品的形状稳定下来,它是天然纤维中热定形性最好的纤维。

**(8) 密度** 羊毛纤维的密度因其组织结构不同而略有差异,一般为 1.30～1.32 $g/cm^3$。

**(9) 化学稳定性** 羊毛纤维较耐酸而不耐碱。较稀的酸和浓酸,短时间作用对羊毛的损伤不大,所以常用酸去除原毛或呢坯中的草屑等植物性杂质;有机酸(如醋酸、蚁酸)是羊毛染色的重要促染剂。碱会使羊毛变黄及溶解。

#### 4. 羊毛纤维改性

**(1) 表面变性(丝光羊毛、防缩羊毛)** 通过化学处理(次氯酸钠、氢氧化纳、高锰酸钾等)剥除羊毛上的部分鳞片,剥鳞后细度变细,如由 19 μm 变为 17 μm,纤维具有丝一般的光泽,手感更柔软、滑糯而有羊绒感,使产品具有防缩、机可洗效果。

**(2) 羊毛拉细** OPTIM(羊毛拉细)是将羊毛拉伸后在受力状态下加以定形。经高温蒸汽湿态下拉伸(或蛋白酶脱鳞处理)后,由 α 大分子螺旋链变成 β 曲折链。其长度增加 15%,断裂强度增加,断裂伸长下降,细度变细 20%,如由 21 μm 变为 17 μm、19 μm 变为 16 μm,降低 3～4 μm;纤维卷曲减少,且由于鳞片结构发生变化,其表面更光滑,纤维截面不呈圆形;纤维刚性比普通羊毛低,因此显得更柔软,湿态时更明显。

羊毛拉伸后的定形分永久定形和暂时定形。暂时定形羊毛条,经拉伸、加热,松弛后可收缩。用这种羊毛编织成衣,在同等规格的情况下可节省羊毛约 20%,并提高服装的保暖性,手感更蓬松柔软,服用舒适。

**(3) 超卷曲羊毛** 羊毛经超卷曲加工后,产品更蓬松,保暖性更好。

**(4) 彩色羊毛** 给绵羊喂食某种金属微量元素,可以改变羊毛的颜色。如喂铁元素,可使绵羊毛变成浅红色;喂铜元素,可使毛变成蓝色。现已培育出鲜艳的红色、天蓝色、金铜色、棕色等等彩色绵羊毛。用彩色绵羊毛制成的毛织品,经风吹、日晒、雨淋和洗涤,其毛色仍然鲜艳如初,毫不褪色。彩色羊毛因不需染色加工,不含有染料残留的化学物质,未被腐蚀,因此韧性很强,质地坚固,耐磨、耐穿,不易损坏,使用寿命长。

### (四) 蚕丝

蚕丝纤维是蚕吐丝而得到的天然蛋白质纤维。蚕分家蚕和野蚕两大类。家蚕即桑蚕,结的茧是生丝的原料;野蚕有柞蚕、蓖麻蚕、麻蚕、樗蚕、天蚕、柳蚕等,其中柞蚕结的茧可以缫丝,其他野蚕结的茧不易缫丝,一般将它们切成短纤维作为绢纺原料或制成丝绵。

蚕丝是高级的纺织原料,有较好的强伸度,纤维细而柔软、平滑,富有弹性,光泽好,吸湿性高。

#### 1. 蚕丝的形成和形态结构

**(1) 桑蚕丝**

① 形成 桑蚕丝是由蚕内绢丝腺分泌出的丝液凝固而成的。泌丝部分泌出丝素和丝胶。丝胶包覆在丝素的周围,起保护丝素的作用。

② 形态结构 茧丝由两根单丝平行黏合而成,中心是丝素,外围为丝胶。

茧丝的横截面形状呈半椭圆形或略成三角形。三角形的高度，从茧的外层到内层，逐渐降低，因此，自茧层外层、中层至内层，茧丝横截面从圆钝渐趋扁平。蚕丝的纵面比较光滑、平直，没有除去丝胶的茧丝表面带有异状丝胶瘤节，这是由于蚕吐丝时因外界影响吐丝不规则造成的。在光学显微镜下观察蚕丝，可以发现茧丝上有很多异状的颣节，如环颣、小糠颣、茸状颣、毛羽颣等，这是由于蚕吐丝结茧时温度变化、簇架振动、吐丝不规则等造成的。这些颣节的存在，不仅影响生丝的净度，同时在缫丝过程中容易切断，降低生丝的匀度。

**(2) 柞蚕丝**

① 形成　柞蚕丝和桑蚕丝一样，也是由蚕体的绢丝腺所集储的丝胶和丝素，通过吐丝口而分泌的物质。柞蚕结茧时，都有茧柄，以便把茧子缠绕在柞树枝条上，防止茧子堕落。茧柄下部留有细小的出蛾孔，这里的茧丝结构疏松，煮漂时易造成"破口茧"，给缫丝造成困难。

② 形态结构　柞蚕丝是由两根丝素合并组成的，丝素周围附有很多丝胶颗粒。柞蚕丝的丝胶含量比桑蚕丝少，约为12%～15%，它分布在丝素外围，并扩展到丝素的内部。柞蚕丝中还含有微量的单宁，它与丝胶或丝素呈化学结合，丝素内还含有色素，这些杂质较难除去。

**2. 蚕丝的组成和分子结构**

**(1) 蚕丝的组成**　蚕丝纤维主要由丝素和丝胶两种蛋白质组成。此外，还有一些非蛋白质成分，如脂蜡物质、碳水化合物、色素和矿物质(灰分)等。蚕丝中物质的含量常随茧的品种和饲养情况而变化。

**(2) 蚕丝的分子结构**　蚕丝的主要成分为蛋白质，属于蛋白质纤维，是一种高分子化合物。蚕丝的大分子是由多种 α-氨基酸剩基以酰胺键联结构成的长键大分子，又称肽链。所含侧基小，因而蚕丝分子结构较为简单，长链大分子的规整性好，呈 β-折叠链形状，有较高的结晶性。相比较而言，柞蚕丝的分子结构规整性差，结晶性也较差。

**3. 蚕丝的性能**

**(1) 长度**　从茧子上缫取的茧丝长度很长，经缫丝，数根茧丝合并，可获得任意长度的连续长丝(生丝)，不需要纺纱即可织造。一粒茧子上的茧丝长度可达数百米至上千米。也可将下脚茧丝、茧衣和缫丝中的废丝等，经脱胶切成短纤维，通过绢纺纺纱工艺获得绢丝，供织造用。

**(2) 细度和均匀度**　把一定长度的生丝绕取在黑板上，通过光的反射，黑板上呈现深浅不同、宽度不同的条斑，根据这些条斑的变化，可以说明生丝细度的均匀程度。

生丝细度和匀度是生丝品质的重要指标。丝织物品种繁多，如绸、缎、纱、绉等。其中轻薄的丝织物，不仅要求生丝纤度细，而且对细度均匀度有很高的要求。细度不匀的生丝，将使丝织物表面出现色档、条档等疵点，严重影响织物外观，造成织物其他性质如强度或伸度的不匀。生丝细度用纤度表示。

**(3) 吸湿性**　无论是家蚕丝还是柞蚕丝，都具有很好的吸湿本领，在20℃、相对湿度65%的标准条件下，家蚕丝的吸湿率达11%左右，在纺织纤维中属于比较高的；如果含丝胶的数量多，纤维的含水量还会增加，因为丝胶比丝素更容易吸湿。相比较而言，柞蚕丝因为本身内部结构的特点，其吸湿性高于家蚕丝。

**(4) 机械性质**　影响茧丝的机械性质的因素，有蚕品种、产地饲养条件、茧的舒解和茧丝纤度等。茧层部位的变化，对茧丝的性质影响更大。茧丝的初始模量，最外层小，中层、内层逐渐增大。

吸湿后，蚕丝的强伸度发生变化。家蚕丝湿强为干强的 80%～90%，湿伸长率增加约 45%；柞蚕丝的湿强增加，约为干强的 110%，湿伸长率约增加 145%。

**(5) 化学性质** 蚕丝纤维的分子结构中，既含有酸性基团（—COOH），又含有碱性基团（—$NH_2$—OH），呈两性性质。其中酸性氨基酸的含量大于碱性氨基酸的含量，因此，蚕丝纤维的酸性大于碱性，是一种弱酸性物质。

酸和碱都会促使蚕丝纤维水解，水解的程度与溶液的 pH 值、处理的温度和时间及溶液的浓度有很大关系。丝胶的结构比较疏松，因此水解程度比较剧烈，抵抗酸、碱和酶的水解能力比丝素弱。

酸对丝素的作用较碱弱，弱的无机酸和有机酸对丝素更为稳定。在浓度低的强无机酸中加热，丝的光泽和手感均受到损害，强伸度有所降低，特别是在贮藏后更为明显。高浓度的无机酸，如浓硫酸、浓盐酸、浓硝酸等，使丝素急剧膨润溶解，呈淡黄色黏稠物。如在浓酸中浸渍极短时间，立即用水冲洗，丝素可收缩 30%～40%，这种现象叫酸缩，能用于丝织物的缩皱处理。在丝绸精练或染整加工中，常用有机酸处理，以增加丝织物的光泽，改善其手感，强伸度则稍有降低。

碱可使丝素膨润溶解，其对丝素的水解作用主要取决于碱的种类、电解质总浓度、溶液的 pH 值及温度等条件。苛性钠等强碱对丝素的破坏最为严重，碳酸钠、硅酸钠的作用较为缓和。一般在进行丝的精练时，多选用碳酸钠。

丝素中的酪氨酸、色氨酸与氧化剂或大气中的紫外线作用，会生成有色物质，使蚕丝泛黄。含氯的氧化剂与丝素作用，能使丝素氧化裂解，而且会发生氯化作用，使肽键断裂，丝素聚合度下降，强伸度降低，以致失去使用价值。因此，蚕丝纤维的漂白剂多用过氧化氢、过氧化钠或稀酸性的过硼酸钾溶液。

柞蚕丝的耐酸碱性较桑蚕丝好。

**(6) 其他性质**

① 密度 丝的密度较小，因此织成的丝绸轻薄。生丝的密度为 1.30～1.37 $g/cm^3$，精练丝的密度为 1.25～1.30 $g/cm^3$，这说明丝胶的密度较丝素大。

② 抱合 生丝依靠丝胶把各根茧丝黏着在一起，产生一定的抱合力，使丝条在加工过程中能承受各种摩擦。抱合不良的丝纤维受到机械摩擦和静电作用时，易引起纤维分裂、起毛、断头等，给生产带来困难。

③ 光学性质 丝的色泽包括颜色与光泽。

丝的颜色因原料茧种类不同而不同，以白色、黄色为最常见。丝的颜色反映了本身的内在质量。如丝色洁白，则丝身柔软，表面清洁，含胶量少，强度与耐磨性稍低，春茧丝多属于这种类型；如丝色稍黄，则光泽柔和，含胶量较多，丝的强度与耐磨性较好，秋茧丝多属于这种类型。

丝的光泽是丝反射的光所引起的感官知觉。茧丝具有多层丝胶，由于丝蛋白的层状结构，光线入射后进行多层反射，反射光互相干涉而产生柔和的光泽。生丝的光泽与生丝的表面形态、生丝中的含茧丝数等有关。一般来说，生丝截面越接近圆形，光泽柔和均匀；表面越光滑，反射光越强；精练后的生丝，光泽更为优美。

蚕丝的耐光性较差，在日光照射下，蚕丝容易泛黄。在阳光暴晒下，因日光中 290～

315 nm 的近紫外线，易使蚕丝中的酪氨酸、色氨酸的残基氧化裂解，致使蚕丝强度显著下降。日照 200 h，蚕丝纤维强度损失 50%左右。柞蚕丝的耐光性比桑蚕丝好，在同样的日照条件下，柞蚕丝的强度损失较小。

④ 热学性质　蚕丝的耐干热性较强，能长时间承受 100℃的高温。温度升至 130℃，蚕丝会泛黄、发硬，其分解点在 150℃左右。蚕丝是热的不良导体，导热率比棉小。

⑤ 丝鸣　干燥的蚕丝相互摩擦或揉搓时发出特有的清晰微弱的声响，称为丝鸣。丝鸣为蚕丝独特的风格。

## （五）麻纤维

### 1. 麻纤维的组成和形态结构

**(1) 麻纤维的组成**　麻纤维的主要组成物质是纤维素，其含量视麻的品种而定，一般约占 60%～80%。其中，苎麻、亚麻的纤维素含量略高，黄麻、槿麻等则低一些。除纤维素外，麻纤维中还有木质素、果胶、脂肪及蜡质、灰分和糖类物质等。

**(2) 麻纤维的形态结构**　不同种类的麻纤维，其截面形态不尽相同。苎麻呈腰圆形，有中腔，胞壁有裂纹；亚麻和黄麻的截面呈多角形，有中腔；槿麻的截面呈多角形或圆形，有中腔。麻纤维的纵面较平直，有横节、竖纹，亚麻的横节呈“X”形。

### 2. 麻纤维的主要性能

**(1) 长度和线密度**　麻纤维的长度整齐度和线密度均匀度都比较差，所以纺得的纱线的条干均匀度也较差，并具有独特的粗节，形成麻织物粗犷的风格。

除苎麻外，其他麻类经初加工后得到的束纤维，在经过梳麻后，由于梳针的梳理作用而进一步分离，以适应纺纱工艺的要求。这时分离成的束纤维称为工艺纤维。工艺纤维的细度除与品种和生长情况有关外，还与脱胶程度和梳麻次数等有关。如黄麻工艺纤维的线密度一般为 2～3.3 tex（公制支数为 500～300）；槿麻工艺纤维较黄麻粗，线密度一般为 3.6～4 tex（公制支数为 280～250）。表 1-4 所示为常见几类麻纤维的单纤维长度和细度。

**表 1-4　主要麻纤维的单纤维长度和细度**

| 麻类品种 | 长度(mm) | 细度(μm) | 麻类品种 | 长度(mm) | 细度(μm) |
|---|---|---|---|---|---|
| 苎　麻 | 60～250 | 20～80 | 洋　麻 | 3～6 | 14～30 |
| 亚　麻 | 17～25 | 12～17 | 罗布麻 | 28～50 | 17～20 |
| 黄　麻 | 2～4 | 10～28 | 蕉　麻 | 3～12 | 16～32 |
| 大麻(汉麻) | 15～25 | 16～50 | 剑　麻 | 1～2 | 15～30 |

**(2) 吸湿性**　麻纤维的吸湿能力比棉强，而且吸湿与散湿的速度快。黄麻的吸湿能力更佳，标准大气条件下的回潮率可达 14%左右，故宜制作粮食、糖类等包装材料，既通风透气又可保持物品不受潮。

**(3) 强伸性**　麻纤维是主要天然纤维中拉伸强度最大的纤维。苎麻的单纤维强度约为 5.3～ 7.9 cN/dtex，断裂长度可达 40～55 km，且湿强大于干强；亚麻、黄麻、槿麻等，强度也较大。但麻纤维受拉伸后的伸长能力是主要天然纤维中最小的,苎麻、亚麻、黄麻的断裂伸长率分别为 2%～3%、3%和 0.8%左右。

**(4) 刚柔性** 麻纤维的刚性是常见纤维中最大的,尤以黄麻、槿麻为甚,苎麻、亚麻则较低。其刚柔性除与品种、生长条件有关外,还与脱胶程度和工艺纤维的细度有关。刚性强,不仅手感粗硬,也会导致纤维不易捻合,影响可纺性,成纱毛羽多;柔软度高的麻纤维,可纺性能好,断头率低。

**(5) 弹性** 麻纤维的弹性较差,用纯麻织物制成的衣服极易起皱。

**(6) 化学稳定性** 麻纤维的化学稳定性与棉相似,较耐碱而不耐酸。

### 3. 麻纤维改性

利用化学或物理的方法对麻纤维加以处理,可克服不足之处并使其得到某些特殊的性能。麻纤维改性的主要方法有:

**(1) 改变纤维素的结构** 主要是应用化学或物理方法,改变麻纤维的结晶度、取向度,即改变麻纤维素大分子之间的排列紧密程度和排列方向,亦即改变麻纤维大分子的晶格结构;

**(2) 接枝改性** 利用麻纤维素中的羟基活泼性,引入其他基团,得到具有特殊性能的麻纤维,接枝改性麻纤维的性质主要取决于接枝基团的性质;

**(3) 纤维素大分子间键合** 在麻纤维素大分子之间生成化学键而使麻纤维改性,如用树脂处理麻纤维素,可改善麻纤维的弹性和耐折皱性等。

对麻纤维进行改性处理后,使麻纤维的刺痒感降低,丰富了麻制品的花色品种,可提高产品的附加值,取得较大的经济效益。此外,麻纤维经改性处理后,上染率增加,织品色彩鲜艳。

## 三、化学纤维

### (一) 再生纤维素纤维

#### 1. 黏胶纤维

**(1) 黏胶纤维的结构特征** 黏胶纤维的主要组成物质是纤维素,其分子结构式与棉纤维相同,聚合度低于棉(一般为 250～550)。黏胶纤维由湿法纺丝制成,其横截面边缘为不规则的锯齿形,有皮芯结构,纵向平直且有不连续的条纹。

**(2) 黏胶纤维的主要性能**

① 吸湿性和染色性 黏胶纤维的吸湿性是化学纤维中最好的,标准大气条件下(20℃,相对湿度 65%)其回潮率约为 13%,相对湿度 95%时的回潮率约为 30%。纤维吸湿后显著膨胀,截面积可增加 50%以上,最高可达 140%,所以一般的黏胶纤维织物下水后会手感发硬,收缩率大。黏胶纤维的染色性能良好,染色色谱全,色泽鲜艳,染色牢度也较好。

② 机械性能 黏胶纤维的强度较低,一般为 1.6～2.7 cN/dtex,断裂伸长率为 16%～22%。湿强下降多,约为干强的 40%～50%。所以,在剧烈的洗涤条件下,黏胶纤维织物易受损伤。黏胶纤维在小负荷下容易变形,且变形后不易回复,弹性差,织物容易起皱,耐磨性差。

③ 其他性能　黏胶纤维耐碱不耐酸；耐热性较好，在180～200℃时发生热分解。

**(3) 黏胶纤维的种类和用途**

① 普通黏胶纤维　普通黏胶纤维有长丝和短纤维之分。短纤维又有棉型、毛型和中长型，可与棉、毛等天然纤维混纺，也可与涤纶、腈纶等合成纤维混纺，还可纯纺，用于织制各种服装面料和家庭装饰织物及产业用纺织品，其特点是成本低、吸湿性好、抗静电性能优良。

② 富强纤维　富强纤维是通过改变普通黏胶纤维的纺丝工艺条件而开发的，其横截面近似圆形，结构近乎为全芯层，强度高于普通黏胶纤维，湿态强度明显提高。

③ 强力黏胶丝　强力黏胶丝结构为全皮层，是一种高强度、耐疲劳性能良好的黏胶纤维，强度可达棉的两倍以上，广泛用于工业生产，可制作汽车轮胎帘子布，也可以制作运输带、胶管、帆布等。

**2. 醋酯纤维**

醋酯纤维俗称醋酸纤维，它是以纤维素与醋酸酐等为原料，经一系列化学加工而制成的，是一种半合成纤维。由于它以纤维素为骨架，故而具备纤维素纤维的基本特征，但它的性能与再生纤维素纤维(如黏胶)有所不同，又具有合成纤维的一些特性。

**(1) 醋酯纤维的结构特征**　醋酯纤维有二醋酯纤维和三醋酯纤维。醋酯纤维无皮芯结构，横截面形状为多瓣形叶状或耳状。二醋酯纤维的聚合度为180～200，密度为1.32 $g/cm^3$左右；三醋酯纤维的聚合度为280～300，密度为1.30 $g/cm^3$左右。

**(2) 醋酯纤维的主要性能**

① 吸湿性与染色性　吸湿性比黏胶纤维低得多。在标准大气条件下，二醋酯纤维的回潮率为6.5%；三醋酯纤维更低，为4.5%。染色性能较差，因此，必须用分散染料染色，才能获得良好的染色效果。

② 机械性能　醋酯纤维的强度较低，二醋酯纤维的干强仅为1.1～1.2 cN/dtex，三醋酯纤维为1.0～1.1 cN/dtex，湿强约为干强的67%～77%。醋酯纤维容易变形，也容易回复，不易起皱，手感柔软，具有蚕丝的风格。产生1.5%的伸长变形时，回复率为100%。

③ 热学性能　醋酯纤维具有良好的热塑性能，在200～300℃时软化，260℃时熔融。这一特征使醋酯纤维与合成纤维类似，产生塑性变形后形状不再回复，具有持久压烫整理性能。

④ 其他性能　醋酯纤维的耐酸碱性都比较差，在稀溶液中比较稳定，在浓碱的作用下会逐渐皂化而成为再生纤维素，在浓酸溶液中会因皂化和水解而溶解。

**(3) 醋酯纤维的用途**　醋酯纤维表面平滑，手感柔软滑爽有弹性，有丝一般的光泽，适合于制作衬衣、领带、睡衣和高级女士服装。

**3. Tencel 纤维**

虽然黏胶纤维具有独特的光泽、吸湿透气和抗静电性能，但它有致命的弱点，即湿强极低、易皱、缩水率高，且生产流程长，环境污染严重。英国考陶尔兹(Courtaulds)公司采用溶剂法纺丝而制造的纤维素纤维——Tencel(译名天丝)，除了具有黏胶纤维的优点外，还具有合成纤维的强伸性，其加工制造是纯物理方法，无环境污染，被誉为“21世纪的绿色纤维”。

**(1) Tencel 纤维的结构特征**　天丝纤维的制造是将纤维素直接溶解在化学溶剂中得到纺丝液，再经喷丝、精练而成，所以它的成分主要是纤维素。

**(2) Tencel的性能**

① 吸湿性和染色性　Tencel纤维的吸湿性强，标准状态下的回潮率为11%，略低于黏胶，染色性能好且染色效果持久。

② 机械性能　Tencel纤维的强度与合成纤维相近，干强为4.2 cN/dtex，接近涤纶纤维，湿强仅下降15%；尺寸稳定性好，织物缩水率低。

③ 其他性能　Tencel纤维在湿状下受机械力作用，纤维表面被拉出细小原纤，能改变织物性能，若通过酶处理去掉较长的原纤，可得到桃皮绒效果。

**(3) Tencel纤维的用途**　Tencel纤维由于具有棉的吸湿性能、丝的手感和光泽、化纤的强度、毛的挺爽等优良性能，可用来开发高附加值的纺织产品，可生产牛仔布、套装、休闲服、色织布、衬衫、内衣等。

**4. 竹纤维**

竹纤维是以竹子为原料的再生纤维素纤维，是继大豆蛋白纤维之后又一种我国自行研制并成功投入生产的纺织纤维。这种纤维有明显的不同于棉和木型纤维素纤维的独特风格，强度高，耐磨性、吸湿性、悬垂性好，有丝质感，手感柔和光滑。

**(1) 竹纤维的形态结构**　竹纤维纵向表面光滑、均一，有多条较浅的沟槽；横截面接近圆形，边缘具有不规则锯齿形。竹纤维的表面结构与它的成型条件有关。这种表面结构使得纤维表面具有一定的摩擦系数，因而具有较好的抱合力，有利于成纱。

**(2) 竹纤维的主要特性**　再生竹纤维以竹子为原料，经过人工催化将甲种纤维素的含量从35%左右提纯到93%以上，采用水解—碱法及多段漂白精制成满足纤维生产要求的竹浆，再采用化纤加工工艺制成纤维。

① 吸湿性和染色性　竹纤维在标准状态下的回潮率可达12%，与普通黏胶纤维的回潮率相接近。在360℃、相对湿度100%的条件下，竹纤维的回潮率可高达45%，并且吸湿速度特别快，从8.75%的回潮率达到45%的回潮率仅用7 h左右。相同条件下，其他纤维的回潮率和吸湿速度都不如竹纤维。因此，竹纤维比其他纤维更具有吸湿快干性能，更适合制作夏季服装、运动服和贴身衣物。

竹纤维的染色性好且不易褪色。

② 天然抗菌性能　竹纤维具有抗菌性，在加工过程中，可采用高新技术处理，使竹纤维的天然抗菌性能得以保持，即使经过洗涤、日晒，抗菌作用也不会失去。另外，这种天然的抗菌作用对人体皮肤不会造成过敏反应，大大优于后整理过程中加入抗菌剂的织物。

**5. 铜氨纤维**

将棉短绒等天然纤维素原料溶解在氢氧化铜或碱性铜盐的浓氨溶液中，配成纺丝液，在凝固浴中分解再生成纤维素，生成的水合纤维素经后加工即可得到铜氨纤维。铜氨纤维的截面呈圆形，无皮芯结构，纤维可承受高度拉伸，制得的单丝较细，所以面料手感柔软，光泽柔和，有真丝感。铜氨纤维的吸湿性与黏胶纤维接近，其公定回潮率为11%，在标准大气条件下，回潮率可达到12%～13%。在相同的染色条件下，铜氨纤维的染色亲和力较黏胶纤维大，上色较深。铜氨纤维的干强与黏胶纤维接近，但湿强高于黏胶纤维，耐磨性也优于黏胶纤维。由于纤维细软，光泽适宜，常用作高档丝织或针织物，其服用性能优良，吸湿性好，极具悬垂感，近似于丝绸,符合环保的服饰潮流。

## (二)再生蛋白质纤维

### 1. 大豆纤维

大豆蛋白纤维是一种再生植物蛋白纤维,从豆渣中提取球蛋白,辅之以特殊添加剂而制成,主要成分与羊绒和真丝类似,是人造纤维史上第一种我国自主开发并投入工业化生产和应用的纤维。

**(1) 大豆纤维的性能**

① 吸湿性和染色性　大豆纤维的吸湿性好。大豆纤维本身为淡黄色,可用酸性染料、活性染料染色,尤其是活性染料染色,颜色鲜艳而有光泽,同时耐日晒,汗渍牢度好。

② 机械性能　大豆纤维的物理机械性能好,单纤断裂强度为 3.0 cN/dtex,高于棉和毛,仅次于涤纶纤维;沸水收缩率低,尺寸稳定,常规洗涤条件下不收缩,抗皱性好,易洗快干。

③ 其他性能　大豆纤维具有保健功能,因为大豆纤维和人体皮肤的亲和性好,且含有多种人体所必需的氨基酸。在大豆纤维的纺丝过程中,加入一定量的具有杀菌、消炎作用的中草药,与蛋白质侧链以化学键相结合,药效显著而持久。

**(2) 大豆纤维的用途**　大豆纤维具有细度细、密度小、强伸度高的特点,用它织成的面料具有羊绒般的手感、蚕丝般的光泽、羊毛般的保暖,吸湿透气,悬垂性好,可制作高档衬衫、内衣。

### 2. 牛奶纤维

牛奶蛋白纤维是以牛奶为原料,经分离、提纯的蛋白质,与聚乙烯醇缩甲醛聚合接枝而形成的新型化学纤维,属蛋白质纤维。与聚乙烯醇缩甲醛后,蛋白质失去了原有的可溶性,在高湿环境中,固化后的蛋白质分子结构紧密,在水中的软化点高而不溶于水,同时,蛋白质结构中的多肽链之间以氢键结合,呈空间结构,大量的亲水基团易与水相结合,使纤维具有良好的吸湿性和透气性。牛奶丝的 pH 值为 6.8,呈微酸性,与皮肤保持一致,也不含致癌偶氮染料,完全符合欧共体提出的纺织品生化标准 Eco-100 的规定。

牛奶蛋白纤维含有多种氨基酸。采用牛奶丝织布制衣,贴身穿着时有润肤养肤的功效。其面料质地轻盈、柔软,穿着透气、导湿、爽身,是制作儿童服饰和女士内衣的理想材料。

牛奶蛋白纤维的特殊性能使其面料及服饰的颜色真实、瑰丽及持久,与染料的亲和性使得颜色格外亮丽生动,只要在合适的条件下洗涤,即使布料经多次洗涤颜色仍能鲜艳如新。牛奶蛋白纤维不像其他的动物蛋白纤维(如羊毛、真丝)那样容易霉蛀或老化,即使放置几年仍亮丽如新,穿着方便、容易。

## (三)再生淀粉纤维

聚乳酸纤维(Polylactic Acid,简称 PLA 纤维)是一种新型的生态环保型纤维,它以玉米淀粉为原料,先将其发酵制得乳酸,然后经缩合、聚合反应制成聚乳酸,再利用耦合剂制成具有良好机械性能的较高相对分子质量的聚乳酸,最后经过化学改性,将其强度、保水性提升,并将其纤维化。乳酸很容易在大自然环境中降解,聚乳酸纤维废弃物在土壤和海水中的微生物作用下，可分解成二氧化碳和水，完成自然循环，不会污染环境。

聚乳酸纤维的聚合物呈明显环状的分子结构，使其能在变形后完全回复，从而使聚乳酸纤维制成的织物贴身舒适有弹性(即舒适的拉伸回复性)，而且该分子结构决定了聚乳酸纤维的其他优良特性，即柔软性、易染色、耐水洗、抗紫外线和抗污性能等。聚乳酸纤维具有高结晶度和高取向度，从而具有较高的耐热性和高强度，其断裂伸长率在标准温湿度条件下为30%，断裂强度为4.5～5.5 cN/dtex，回潮率为0.60%，但在长期阳光照射下会缓慢变质。纤维的熔点为175℃，明显低于聚酯与聚酰胺纤维，初始模量为聚酯的1/2，纤维的密度介于聚酯与聚酰胺之间，比聚酯轻一些。另外，玉米纤维有较小的反射系数，可深染，后加工较容易，可制作流行服饰及各种高性能的生物降解型纤维制品。

## (四) 常规合成纤维

### 1. 涤纶

涤纶是聚对苯二甲酸乙二酯纤维在我国的商品名称。它是聚酯纤维的一种，由熔体纺丝法制得。其品种很多，有长丝和短纤，长丝又有普通长丝(包括帘子线)和变形丝，短纤可分棉型、毛型和中长型等。涤纶是合成纤维的一大类属和主要品种。

**(1) 涤纶的物理化学性能**

① 形态结构　普通涤纶的截面为圆形，纵向光滑平直。

② 吸湿性及染色性　涤纶的吸湿性差，在标准大气条件下，回潮率只有0.4%左右，因而纯涤纶织物穿着有闷热感，但其织品易洗快干，具有“洗可穿”的美称。由于涤纶大分子不含亲水基团，结晶度高，分子排列紧密，染料分子难以进入纤维内部，一般染料难以染色，现多采用分散性染料高温高压染色。阳离子染料可染性涤纶的染色性改善显著。

③ 机械性质　涤纶的断裂强度和断裂伸长率均大于棉纤维，但因品种和牵伸倍数而异。一般长丝的强度较短纤高，牵伸倍数高的强度高、伸长小。涤纶的模量较高，仅次于麻纤维，弹性优良，所以织物挺括抗皱，尺寸稳定，保形性好。涤纶的耐磨性优良，仅次于锦纶，但易起毛起球，且毛球不易脱落。

④ 化学稳定性　涤纶对酸较稳定，尤其是有机酸。但涤纶只能耐弱碱，常温下与浓碱或高温下与稀碱作用会使纤维破坏。对一般的有机溶剂、氧化剂、微生物的抵抗能力较强。

⑤ 热学性质　涤纶的耐热性优良，热稳定性较好，在150℃左右处理1 000 h仅稍有变色，强度损失不超过50%。而其他常用纤维在该温度下200～300 h即完全破坏。涤纶织物遇火易熔成小孔，重则灼伤人体。

⑥ 电学性质　涤纶因吸湿性差，比电阻高，是优良的绝缘材料。但易积聚电荷产生静电，吸附灰尘。

⑦ 光学性质　涤纶的耐光性仅次于腈纶，经1 000 h暴晒，其强度仍能保持60%～70%。

⑧ 密度　涤纶的密度小于棉而大于羊毛，为1.39 $g/cm^3$左右。

**(2) 涤纶产品开发和用途**　涤纶纤维由于其具有许多优良性能，无论在服装、装饰还是工业中，应用均相当广泛。短纤可与棉、毛、丝、麻或其他化纤混纺，用于衣着、装饰等。长丝，特别是变形丝，用于针织、机织制成各种仿真型内外衣。长丝因其良好的物理化学性能，也广泛用于轮胎帘子线、工业绳索、传动带、滤布、绝缘材料、船帆、篷帐等工业制品。随着新技术、新工艺的不断应用，对其进行改性而制得抗静电、抗起毛起球、阳离子可染等涤纶。

**2. 腈纶的基本特性**

腈纶主要由聚丙烯腈组成，用85%以上的丙烯腈和不超过15%的第二、第三单体共聚而成，经湿法或干法纺丝制成短纤或长丝。

**(1) 形态结构** 腈纶的截面一般为圆形或哑铃形，纵向平滑或有1～2根沟槽，其内部存在空穴结构。

**(2) 吸湿性及染色性** 腈纶的吸湿性优于涤纶但比锦纶差，在标准大气条件下，回潮率为2.0%左右，由于空穴结构的存在和第二、第三单体的引入，染色性较好。

**(3) 机械性质** 腈纶的强度比涤纶、锦纶低，断裂伸长率与涤纶、锦纶相似。多次拉伸后，剩余伸长率较大，弹性低于涤纶、锦纶和羊毛，因此尺寸稳定性较差。其耐磨性在合成纤维中属较差。

**(4) 光学性质** 腈纶的耐光性是常见纤维中最好的，经日晒1 000 h，强度损失不超过20%，所以适合作篷帐、炮衣、窗帘等户外用织物。

**(5) 热学性质** 腈纶具有热弹性，将普通腈纶拉伸后骤冷得到的纤维，如果在松弛状态下受高温处理，会发生大幅度的回缩。将这种高伸腈纶与普通腈纶混在一起纺成纱，经高温处理即成蓬松性好、毛型感强的膨体纱。腈纶不熔融，在200℃内不发生热分解和色变，但纤维开始软化，300℃时接近分解点，颜色变黑且开始炭化。

**(6) 化学稳定性** 腈纶的化学稳定性较好，但在浓硫酸、浓硝酸、浓磷酸中会溶解，在冷浓碱、热稀碱中会变黄，热浓碱能立即导致其破坏。

**(7) 密度** 腈纶的密度较小，约为1.14～1.17 g/cm$^3$。腈纶的许多性能如蓬松柔软性与羊毛相似，故常制成短纤维与羊毛、棉或其他化纤混纺，用于织制毛型织物或纺成绒线，还可以制成毛毯、人造毛皮、絮制品等。

**3. 锦纶的基本特性**

锦纶是聚酰胺纤维的商品名。其品种很多，目前主要有锦纶6和锦纶66，前者的主要组成为聚己内酰胺，后者的主要组成物质是聚己二酰己二胺。锦纶纤维以长丝为主，少量短纤维主要用于和棉、毛或其他化纤混纺。锦纶长丝大量用于变形加工制成弹力丝，作为机织或针织原料。

**(1) 锦纶的形态结构与性能**

① 形态结构 锦纶由熔体纺丝法制得，其截面和纵面形态与涤纶相似。

② 吸湿性和染色性 锦纶的吸湿能力是合成纤维中较好的。在标准大气条件下，回潮率为4.5%左右，有些品种如锦纶6可达7%。锦纶的染色性虽不及天然纤维、黏胶纤维，但在合成纤维中是较易染色的一种纤维，可用酸性染料、分散染料及其他染料染色。

③ 机械性质 锦纶的强度高，伸长能力强，且弹性优良。伸长率为3%～6%时，弹性回复率接近100%；而相同条件下，涤纶为67%，腈纶为56%，黏胶纤维仅为32%～40%。因此，锦纶的耐磨性是常用纤维中最好的。锦纶在小负荷下容易变形，其初始模量在常见纤维中是最低的，因此手感柔软，但织物的保形性和硬挺性不及涤纶。

④ 热学性质 锦纶的耐热性差，随温度的升高其强度下降、收缩率增大。其安全使用温

度，锦纶 6 仅为 93℃以下，锦纶 66 为 130℃以下。遇火易熔成小孔，甚至灼伤人体。

⑤ 光学性质　锦纶的耐光性差，在光的长期照射下，会发黄发脆、强度下降。

⑥ 化学稳定性　锦纶的耐碱性优良，耐酸性较差，特别是对无机酸的抵抗能力很差。在 95℃下用 10%的 NaOH 溶液处理 16 h，强度损失可忽略不计。但遇酸时酰胺基易酸解，导致酰胺键断裂，聚合度下降。

⑦ 密度　锦纶的密度较小，为 1.14 $g/cm^3$左右。

**(2) 锦纶的用途**　锦纶是合成纤维中工业化生产最早的品种，是合成纤维的主要品种之一。锦纶生产以长丝为主，用于民用可织制袜子、围巾、衣料及用作牙刷鬃丝等，还可以织制地毯；用于工业可制造轮胎帘子线、绳索、渔网等，国防工业中用于织制降落伞等。锦纶短纤维可与棉、毛和黏胶纤维混纺，其混纺织物具有良好的耐磨性和强度。

**4. 丙纶、氯纶、维纶和氨纶等纤维的基本特性**

**(1) 丙纶**　丙纶由聚丙烯经熔体纺丝而制得，产品主要有短纤维、长丝和膜裂纤维等，其截面和纵面形态与涤纶、锦纶等相似。丙纶的主要特性如下：

① 丙纶几乎不吸湿，但有独特的芯吸作用，水蒸气可通过毛细管进行传递，因此可制成运动服或过滤织物。丙纶的染色性较差，不易上染，可采用纺前染色法解决丙纶的染色问题，但染色色谱不全。

② 丙纶的强伸性、弹性、耐磨性均较高，与涤纶相近，并可根据需要，制造出较柔软或较硬挺的纤维。

③ 丙纶的化学稳定性优良，耐酸碱的抵抗能力均较强，并有良好的耐腐蚀性。

④ 丙纶的熔点(160～177℃)和软化点(140～165℃)较低，耐热性能较差，但耐湿热的性能较高；导热系数在常见纤维中是最低的，因此保温性能好。

⑤ 丙纶的密度仅为 0.91 $g/cm^3$左右，是常见纤维中最低的，因此织物的覆盖性较高。

⑥ 丙纶的耐光性较差，易老化，制造时常需添加防老化剂。

丙纶短纤维可以纯纺或与棉、黏纤等混纺，织制服装面料、地毯等装饰用织物、土工布、过滤布、人造草坪等。丙纶制成的纱布不黏伤口，可用于医疗事业。丙纶长丝(包括变形丝)可用于针织或机织内衣裤、运动服等。等规聚丙烯熔体形成薄膜后，经 10 倍左右的热拉伸，可制成膜裂纤维，其生产成本低，为粗线密度扁丝，大量用于包装材料、绳索等纺织品，以替代麻类纤维。

**(2) 氯纶**　氯纶是聚氯乙烯纤维的商品名，由聚氯乙烯或聚氯乙烯占 50%以上的共聚物经湿法或干法纺丝而制得，截面接近圆形，纵向平滑或有 1～2 根沟槽。其主要特性如下：

① 氯纶的吸湿能力极小，几乎不吸湿，因此电绝缘性强，当积聚静电荷时，所产生的阴离子有助于关节炎的防治。其染色性能较差，对染料的选择性较窄，常采用分散染料染色。

② 氯纶具有难燃性，离开火焰自行熄灭。但氯纶的耐热性差，低于 100℃甚至在 60～70℃时就发生收缩。氯纶耐晒，保暖性较优良。

③ 氯纶的强度接近棉，约为 2.65 cN/dtex；断裂伸长率大于棉，弹性和耐磨性均较棉优良，但在合成纤维中属较差。

④ 氯纶的化学稳定性好，耐酸耐碱性优良。

⑤ 氯纶的密度为 1.38～1.40 $g/cm^3$左右。

氯纶主要用于制作各种针织内衣、绒线、毯类、絮制品、防燃装饰用布等，还可制成鬃丝，用来编织窗纱、筛网、渔网、绳索；此外可用于工业滤布、工作服、绝缘布、安全帐幕等。

**(3) 维纶** 维纶亦称维尼纶，是聚乙烯醇缩甲醛纤维的商品名。维纶的主要组成即聚乙烯醇的部分羟基经缩甲醛化处理而被封闭，大多由湿法纺丝而制得，截面呈腰圆形，为皮芯结构，纵向平直且有1～2根沟槽。维纶的主要特性如下：

① 维纶的吸湿能力是常见合成纤维中最好的，在标准大气条件下，回潮率为5%左右。但由于皮芯结构和缩醛化处理，其染色性能较差，色谱不全，不易染成鲜艳的色泽。

② 维纶的强度、断裂伸长率、弹性等虽较其他合成纤维差，但均优于棉纤维，且耐磨、耐光，抗老化性较好，较棉纤维经久耐用。密度较棉低，为1.26～1.30 g/cm$^3$。

③ 维纶的耐碱性优良，但不耐强酸，对一般有机溶剂的抵抗力强，且不易腐蚀，不霉不蛀。

④ 维纶的耐热水性差，所以须经缩醛化处理，否则，纤维在热水中剧烈收缩，甚至溶解。维纶的热传导率低，故保暖性良好。

维纶的生产以短纤维为主，常与棉混纺，一般纺制较低档的民用织物。维纶与橡胶有良好的黏着性能，故大量用于工业制品，如绳索、水龙带、渔网、帆布、帐篷等。

水溶性维纶是理想的水溶性纤维，是维纶的特色品种，有0～100℃的水溶温度，可供各种用途。它具有理想的水溶温度和强伸度及良好的耐酸、耐碱和耐干热性能，溶于水后无味、无毒，水溶液呈无色透明状，在较短时间内能自然降解，在羊毛面料生产、提高亚麻和苎麻纱的织造性能、缝纫线等方面有广泛的用途。

**(4) 氨纶** 氨纶是一种与其他高聚物嵌段共聚，其中至少含有85%的氨基甲酸酯(或醚)的链节单元组成的线型大分子的弹性纤维。多采用干法纺丝，纤维截面呈圆形、蚕豆形，纵向表面暗深，呈不清晰骨形条纹。氨纶的主要特性如下：

① 吸湿性较差，在标准大气条件下回潮率为0.8%～1.0%。

② 具有高伸长、高弹性，其断裂伸长率可达450%～800%，伸长回复率可达90%以上，而且回弹时的回缩力小于拉伸力，因此穿着舒适，没有橡胶丝那样的压迫感。其强度比橡胶丝高2～3倍，但低于其他常见纺织纤维。

③ 氨纶具有较好的耐酸、耐碱、耐光、耐磨等性质。

④ 密度较橡胶丝低，为1.0～1.3 g/cm$^3$。

氨纶主要用于织制有弹性的织物，用于紧身衣和袜子。一般将氨纶丝与其他纤维的纱线制成包芯纱或加捻后使用。

德国拜尔最早开发聚氨酯树脂，1959年杜邦公司实现氨纶生产，商品名为“Lycra”，中文名为莱卡。

**(5) T-400 纤维** 即杜邦公司开发的由双组分或多组分聚酯并列复合纺丝而成的新型复合聚酯弹性纤维。由于在同一纤维中具有不同热性能的高聚物组分，受热时这些不同聚合物的收缩程度不同，从而产生永久的螺旋卷曲，使得纤维具有良好的弹性和弹性伸长。由于卷曲不是由机械作用产生的，而是由其自身性质所决定，所以，T-400纤维的弹性和回复性更好、更耐久。同时，由于它采用聚酯复合，具有明显的玻璃化温度，所以织物尺寸稳定，外观挺括。

**(6) DOW XLA 纤维** DOW XLA纤维是美国陶氏化学公司推出的一种产品，是聚烯烃基弹性纤维，它具有特殊的分子结构，耐强化学剂侵蚀和耐高温(可达220℃)，能够解决传统弹性纤维在耐热和耐化学品方面的局限。这些特殊的性能对纺纱厂和纺织品制造商都非常有利，因为它们使得 DOW XLA 纤维能够抗御剧烈的加工条件，如染色、漂白、丝光和洗涤，并且能承受标准条件下的热熔染色处理。此外，DOW XLA 纤维的加工工艺与非弹性纤维相似，可以像非弹性纤维织物一样进行化学整理。这些独特的性能使产品创新、产品差别化及其弹性和舒适性都迈上了一个新台阶。

**(7) Richcel(丽赛)纤维** Richcel 纤维是采用日本东洋纺专有技术及原料体系生产的波里诺西克(Polynosic)纤维，是具有优异综合性能的植物纤维素纤维。Richcel 纤维原料源于从日本进口的天然针叶树精制木浆，资源可再生，废弃物可自然降解，安全环保。Richcel 纤维具有高强度、高湿模量、高聚合度和适当的伸度，吸湿性好，其性能与 Tencel 纤维接近，市场价格却大大低于 Tencel 纤维，与 Modal 较接近。Richcel 织物的尺寸稳定性较好，收缩率较小，耐洗耐穿，色泽鲜艳，悬垂性好。Richcel 较耐碱，与棉的混纺织物可进行丝光处理，以改善织物手感与光泽。

## (五) 差别化纤维和功能纤维

差别化纤维和功能纤维一般都由合成纤维转变而来。

### 1. 差别化纤维

差别化纤维泛指对常规化纤有所创新或具有某种特性的化学纤维。一般经过化学改性或物理变形，使纤维的形态结构、物理化学性能与常规化纤有显著不同，从而取得仿生效果或改善其性能。

**(1) 三异纤维** 包括异纤度、异收缩、异截面纤维，目前主要以聚酯为原料，是仿真丝、桃皮绒、仿麂皮、仿毛等织物的良好原料。

“异纤度”为采用纤度不同的单丝组成复丝，其中较粗的作芯丝，可提供足够的刚度、弹性及挺括性；较细的纤维作为皮层，提供柔软的手感和蓬松性。“异收缩”是用收缩率不同的单纤制成纱线，经过后处理，达到织物结构紧密而纱线中收缩率低的单纤松弛形成蓬松浮凸的效果。“异截面”是采用圆形、三角形、三叶形、五叶形或六角形等截面形状的丝制成复丝，可使纱线内部结构稳定蓬松，外观光泽柔和。三异纤维可通过复合纺丝或混纤复合技术制得，性能如下：

① 光泽和耐污性 纤维截面异形化后，最大的特征是光线照射时外观发生变化。常规圆形截面纤维受光线照射时或透明或有刺眼亮光。而呈三角形或多叶形后，纤维像蚕丝一样不再透明，且有优雅的光泽，并随入射光的方向发生变化。这种多角形截面的纤维的光学效果就像三棱镜一样，可将入射光分解成多色光，再由纤维表面反射形成特殊光泽。其截面棱角越多，色泽越柔和。由于异形纤维的反射光增强，纤维的透光度减少，制成织物后，即使有轻微污染也不易觉察，因而提高了织物的耐污性。

② 蓬松和透气性 多数异形纤维的蓬松性优于普通合成纤维。异形度、中空度越高，同等质量的纤维占有的空间越多，其织物蓬松性和透气性越好，最多可增加 5%～8%。在织物面密度相同时，异形纤维比常规纤维蓬松、暖和且手感好、弹性大。

③ 抗起球和耐磨性 普通圆形截面的合成纤维，由于强度高，表面光滑，纤维间的抱合力差，其织物表面摩擦后易起毛，这些突出的纤维再次摩擦时将缠结成球，由于纤维球的根部仍与织物牢牢相连，因而不易脱落。而异形纤维间的抱合力增大，织物摩擦后不易起毛，即使起毛起球，因异形化后单丝的强度相对降低，纤维球的根部与织物间的连接强度降低，小球容易

脱落，不会长期附着在织物上。同时，纤维异形化后织物表面蓬松，摩擦时接触面积减少，耐磨性随之提高。

④ 抗静电和吸湿性　纤维异形化后，其表面积和空隙增加，织物的回潮率增加，且截面越复杂，回潮率越高。如六叶形锦纶长丝的回潮率可达5.2%，而圆形截面时只有4.8%。由于异形纤维的吸湿性增加，抗静电效果有所改善。

⑤ 抗折皱和抗抽丝性　异形纤维的弹性模量比圆形截面纤维高，因此抗变形能力较强，抗折皱效果好。但多角(叶)形纤维的折皱回复能力低于普通纤维。

⑥ 染色性　异形纤维由于表面积大，上色速度快。但由于纤维表面对光的反射率增大，颜色较浅，若要获得与圆形纤维同样深度的颜色，染料要多消耗10%～20%。

异形纤维的用途——异形纤维在衣着、装饰及产业用纺织品三大领域内有广阔的市场前景，也是非织造布及仿皮涂层的较理想原料。

**(2) 中空纤维**　指贯通纤维轴向且有管状空腔的化学纤维，可以通过改变喷丝孔的形状来获得。中空纤维的最大特点是密度小、保暖性强，适宜制作羽绒型制品，如高档絮棉、仿羽绒服、睡袋等。

**(3) 复合纤维**　由两种及两种以上的聚合物或具有不同性质的同一聚合物，经复合纺丝法制成的化学纤维。所谓复合纺丝法，就是将不同的熔体按一定的配比由同一喷丝头压出，在喷丝孔的适当部位相遇而形成纤维。

复合纤维如为两种聚合物制成，即为双组分纤维。根据不同组分在纤维截面的分配位置，可分为并列型、皮芯型和海岛型等。

① 并列型　两种组分分列于纤维轴两侧。利用两组分在截面上的不对称分布，在后处理过程中产生收缩差异，可使纤维形成三维立体卷曲效果。这类似于羊毛中紧密结合在一起的正皮质和偏皮质因干燥时收缩比不同而产生轴向环绕扭曲，扭曲度较大的纤维将使纱线和织物更蓬松保暖。

② 皮芯型　两种组分分别形成皮层和芯层。皮芯型复合纤维类似电话线，用橡胶或塑料外皮包着金属导线。皮芯复合纤维是以一种或多种高聚物组分为芯、另一种高聚物为皮的溶液在喷丝孔前汇合，挤出后成为一体。利用皮芯组分不同，可得到兼有两种组分特性或突出一种组分特性的纤维。如锦纶为皮、涤纶为芯的复合纤维，兼有锦纶染色性好、耐磨及涤纶挺括、弹性好的优点。利用高折射率的芯层和低折射率的皮层，可制得光导纤维。

③ 海岛型　两组高聚物通过同一纺丝组件，由同一喷丝孔挤出，成型后"海"组分均匀地将"岛"组分包围。利用纤维内两种不相容的组分，经物理或化学方法可制得中空纤维或细特(旦)、超细特(旦)纤维，用于纺制毛型、丝绸型织物、人造麂皮、填充料、防水透湿织物等。

**(4) 细特(旦)纤维**　指单丝线密度较小的纤维，又称微细纤维。根据线密度范围又可划分为细特纤维(线密度为0.44～1.11 dtex)和超细特纤维(线密度为0.011～0.44 dtex)。细特纤维的抗弯刚度小，制得的织物细腻柔软，悬垂性好，纤维比表面积大，吸湿性好，染色时有减浅效应，光泽柔和，常用于仿麂皮、仿真丝织物、过滤材料及羽绒型制品等。

国际上定义细度为0.1～1.0 dtex的合成纤维为超细纤维，低于0.1 dtex的纤维为超超细纤维。一般细度低于天然丝细度的合成纤维被认为是超细纤维。超细纤维因其线密度较小，所以刚性小，纤维柔软易扭弯，纤维间有微细组织，比表面积大，毛细管效应强，用途广泛，开发前景广阔。

**2. 功能纤维**

功能纤维是指具有特殊的物理化学结构、功能或用途的化学纤维，其某些技术指标显著高于常规纤维，主要用于工业、军事、医疗、环保、宇航等领域，又称为高技术纤维。

功能纤维按照其用途有以下类型——

**(1) 卫生保健功能** 吸湿、吸汗、凉爽、保湿、拒水、拒油、抗污、蓄热、保温、抗菌、防臭、消臭、防霉、防虫、芳香、森林浴、远红外、负离子、抗过敏等；

**(2) 防护功能** 阻燃、透湿防水、抗紫外线、抗静电、抗电磁波、抗辐射、耐腐蚀等；

**(3) 传导功能** 导电、光导、超导等；

**(4) 其他功能** 智能化学纤维、高吸附化学纤维和生物降解化学纤维。

功能纤维按照其性能特征有以下类型——

**(1) 具有特殊力学性能的纤维** 主要包括高强度纤维、高模量纤维、高韧纤维等。高强度指强度高于 8.83 cN/dtex(10 g/旦)，高模量指模量大于 176.5 cN/dtex(200 g/旦)。品种主要有芳香族聚酰胺及其共聚纤维，强度可达 28 cN/dtex(32 g/旦)以上，模量为 706～970 cN/dtex(800～1 100 g/旦)。此外还有高密度聚乙烯、碳纤维等。

**(2) 具有特殊热学性能的纤维** 主要包括耐高温纤维(亦称耐热纤维)、抗燃纤维(亦称阻火纤维)、耐低温纤维等。耐高温纤维能较长时间地经受 200℃以上的高温，并基本保持原有的物理机械性能；品种主要有聚间苯二甲酰间苯二胺纤维，我国商品名为芳纶 1313，国外称诺梅克斯(Nomex)，此外还有聚酰亚胺等。阻燃纤维亦可称耐燃、难燃或防燃纤维，是指在火焰中仅阴燃、本身不发生火焰、离开火源阴燃自行熄灭的化学纤维，其极限氧指数值约在 0.3 以上。阻燃纤维主要用于纺制儿童及老人服、床上用品、装饰织物、防火工作服及有阻燃要求的绳索、帐篷、工业用布等。

**(3) 具有化学稳定性的纤维** 如耐强酸、耐弱酸、耐有机溶剂纤维。聚四氟乙烯纤维(简称氟纶)可耐煮沸的浓硝酸、浓硫酸、王水和浓碱，在各种有机溶剂中几乎不膨润。

**(4) 具有特殊物理性能的纤维** 主要有导电纤维、发光纤维、光学透明纤维、耐辐射纤维等。

抗静电纤维是指不易积聚静电荷的化学纤维，在抗静电试验的标准条件下(温度为 20℃±2℃，相对湿度 50%±5%)，未上油纤维的比电阻值小于 $10^{10}\,\Omega\cdot cm$；导电纤维是指在聚合体中混有导电介质所纺制的化学纤维，其比电阻值小于 $10^{6}\,\Omega\cdot cm$。这两种纤维的物理性能、产品风格等与同类常规纤维接近。抗静电纤维主要用于制成无尘无菌服、防爆工作服、地毯、口罩等纺织品，导电纤维可制成特种工作服、防尘刷等。

抗起球纤维是利用化学改性或物理方法，使纤维及其织物在使用过程中可以防止或减少纤维因相互摩擦而缠结集聚成小球的化学纤维，其织物的抗起球效果可达到三级以上。抗起球纤维一般与其他短纤维混纺生产毛型织物和针织物等。

高收缩纤维同样是差别化纤维中的重要品种之一。合成纤维中，一般短纤维的沸水收缩率不超过 5%，长丝为 7%～9%。通常把沸水收缩率为 20%左右的纤维称为一般收缩纤维，把沸水收缩率大于 35%的纤维称为高收缩性纤维。将具有不同热收缩性能的纤维进行交并、交织等加工，进行热处理时，高收缩纤维将发生较大的收缩，而普通纤维被迫形成弧形卷曲，这样可以得到永久性卷曲的纤维和纱线，使织物具有良好的蓬松性和舒适性。

**(5) 具有特殊物化性能的纤维**　如吸附纤维、离子交换纤维等。

**(6) 具有特殊生物性能的纤维**　如生物活性(或惰性)纤维、自然消灭纤维、易溶易吸纤维、易升华纤维等。抗菌纤维就是生物活性纤维的一种，纺丝时将抗菌剂加入纤维而制成，与其他纤维混纺或交织，可制作各种内衣、床上用品、袜子、护士服等。

**(7) 变色纤维**　所谓变色纤维是一种具有特殊组成或结构，在受到光、热、水分或辐射等外界条件刺激后可以自动改变颜色的纤维。变色纤维目前的主要品种有光致变色和温致变色两种。前者指某些物质在一定波长的光线照射下可以产生变色现象，在另外一种波长的光线照射下(或热的作用)又会发生可逆变化回到原来的颜色；后者则是指通过在织物表面黏附特殊微胶囊，利用这种微胶囊可以随温度变化而颜色变化的功能，使纤维产生相应的色彩变化，并且这种变化也是可逆的。

## 四、纺织纤维材料的细度指标

纤维和纱线的细度指标有直接指标和间接指标两大类。

### (一) 直接指标

纺织材料细度的直接指标有直径、宽度和截面积。截面直径是表示纤维细度主要的直接指标，它的量度单位用微米($\mu$m)。只有当纤维截面接近圆形时，才适合用直径。目前，在纤维的常规试验中，羊毛采用直径来表示其细度。

### (二) 间接指标

纤维细度的间接指标有定长制和定重制。它们分别利用纤维长度和重量间的关系来间接表示纤维的细度。

**1. 定长制指标及计算公式**

**(1) 旦尼尔(D)**

$$N_D = G/(L \times 9\,000)$$

式中：$G$——纤维或纱线的重量(g)；

$L$——纤维或纱线的长度(m)。

**(2) 特克斯(tex)**

$$N_t = G/(L \times 1\,000)$$

**(3) 分特克斯(dtex)**

$$N_{dt} = G/(L \times 10\,000)$$

**2. 定重制指标及计算公式**

**(1) 公制支数**

$$N_m = L/G$$

(2) 英制支数($^S$)

$$N_e = L_e/(G_e \times 840)$$

式中：$G_e$——纤维或纱线的重量(1b)；

$L_e$——纤维或纱线的长度(yd)。

**3. 换算公式**

(1) 公制支数与旦尼尔的换算：1 D=9 000/公支

(2) 英制支数与旦尼尔的换算：1 D=5 315/英支

(3) 分特克斯与特克斯的换算：1 tex=10 dtex

(4) 特克斯与旦尼尔的换算：1 tex=D/9

(5) 特克斯与英制支数的换算：1 tex=$K$/英支

其中 $K$ 为系数，取值如下：纯棉纱为 583.1，纯化纤为 590.5，涤/棉纱为 587.6，棉/黏(75/25)纱为 584.8，维/棉(50/50)纱为 587.0。

(6) 特克斯与公制支数的换算：1 tex=1 000/公支

(7) 分特克斯与旦尼尔的换算：1 dtex=10 D/9

(8) 分特克斯与英制支数的换算：1 dtex=10 $K$/英支

(9) 分特克斯与公制支数的换算：1 dtex=10 000/公支

## 五、纺织纤维的鉴别

一般根据纤维内部结构、外观形态、化学或物理性能的差异进行鉴别，先判断纤维的大类，如区别天然纤维素纤维、天然蛋白质纤维和化学纤维，再具体分出品种，然后进行最后论证。常用的方法有手感目测法、显微镜观察法、溶解法、药品着色法等。

### (一) 手感目测法

手感目测法是最简单的纤维鉴别方法，根据呈散状的纤维的外观形态、手感、色泽及拉伸等特征来区别棉、麻、毛、丝及化学纤维。棉、麻、毛是自然生长的短纤维，长短不一，整齐度差。棉纤维常附有各种杂质和疵点，纤维细而短；麻纤维手感粗硬；羊毛纤维柔软而富有弹性，有卷曲；蚕丝长而纤细，具有特殊的光泽。化学纤维一般长而整齐，有耀眼的光泽，黏胶纤维的干湿强度差异很大，氨纶的弹性较好，其他合成纤维则需用其他方法进一步鉴别。

### (二) 燃烧法

燃烧法简单而常用，根据各种纤维的燃烧特征不同来粗略鉴别纤维种类。鉴别方法是用镊子夹住一小束纤维，慢慢移近火焰，仔细观察纤维靠近火焰、在火焰中以及离开火焰时所产生的不同现象，如燃烧难易、燃烧速度及燃烧时产生的气味、燃烧后留下的灰烬等特征，对照表 1-5 进行判别。燃烧法只适用于未经防火、阻燃等处理的单一成分的纤维、纱线和织物。

表 1-5　几种常见纤维的燃烧特征

| 纤维名称 | 燃烧性能 | 气味 | 灰烬 |
|---|---|---|---|
| 棉、麻、黏胶 | 靠近火焰，不缩不熔；接近火焰，迅速燃烧，火焰呈黄色，燃烧时有蓝烟；离开火焰，继续燃烧 | 烧纸味 | 灰烬很少，呈灰白色或浅灰色 |
| 毛、蚕丝 | 靠近火焰，收缩不熔；接近火焰，即燃烧；离开火焰，继续缓慢燃烧，有时自行熄灭 | 烧毛发味 | 松而脆的黑褐色灰烬，一碾即碎 |
| 涤纶 | 靠近火焰，收缩熔化；接近火焰，熔融燃烧，火焰很亮，无烟，呈黄白色；离开火焰，继续燃烧 | 特殊芳香味 | 硬的黑色圆珠，不易压碎 |
| 丙纶 | 靠近火焰软化；接触火焰，熔融燃烧，火焰呈黄色；离开火焰，熔融即停 | 轻微沥青味 | 无灰烬，燃烧剩余部分为硬的透明圆珠或褐色不定形硬块 |
| 锦纶（尼龙） | 靠近火焰，收缩熔化；接近火焰，熔融燃烧，燃烧时有白烟；离开火焰，继续燃烧，有时自行熄灭 | 稍有芹菜味 | 趁热时可拉成丝，冷后成坚硬的褐色圆珠，不易碾碎 |
| 腈纶 | 靠近火焰，软化收缩；接近火焰，迅速燃烧；离开火焰，继续燃烧，燃烧时有黑烟 | 有鱼腥味 | 硬而脆的黑色小球或不定形的褐色硬块，很脆，易碎 |
| 氨纶 | 靠近火焰软化；接触火焰，缓慢燃烧，火焰呈黄色或蓝色；离开火焰，缓慢熄灭 | 有刺激气味 | — |

## （三）显微镜观察法

借助显微镜观察纤维的横向和纵向形态特征，是广泛采用的一种方法。

天然纤维有其独特的外观形态特征，如棉纤维纵向有天然转曲，横向有中腔、胞壁；毛纤维纵向有鳞片；麻纤维纵向有竖纹、横节；蚕丝截面呈三角形等。化学纤维的截面大多近似圆形，少数用湿法纺丝的化学纤维因纺丝条件影响而具有不规则的截面，如黏胶为锯齿形，有皮芯结构；维纶为腰圆形，有皮芯结构；腈纶有哑铃形截面等。

表 1-6　几种常见纤维的纵横截面形态

| 纤维名称 | 横截面形态 | 纵向形态 |
|---|---|---|
| 棉 | 腰圆形、有中腔 | 扁平带状、有天然转曲 |
| 羊毛 | 圆形或近似圆形 | 有鳞片 |
| 兔毛 | 哑铃形、有毛髓 | 有鳞片 |
| 蚕丝 | 不规则三角形 | 光滑平直、有条纹 |
| 苎麻 | 腰圆形、有中腔、有裂缝 | 有竖纹、横节 |
| 亚麻 | 多角形、中腔较小 | 有竖纹、横节 |
| 黏胶 | 锯齿形、皮芯结构 | 有条纹 |
| 富纤 | 较少齿形或圆形 | 平滑 |
| 醋酯纤维 | 三叶形或锯齿形 | 有条纹 |

（续 表）

| 纤维名称 | 横截面形态 | 纵向形态 |
|---|---|---|
| 涤纶、锦纶 | 圆形 | 平滑 |
| 腈纶 | 圆形、哑铃形、三角形 | 平滑或有条纹 |
| 维纶 | 腰圆形、有皮芯结构 | 有条纹 |
| 丙纶 | 圆形 | 平滑 |
| 氨纶 | 圆形、土豆形 | 有条纹 |

## （四）溶解法

利用各种纤维在不同化学溶剂中的溶解性能来鉴别，称为溶解法。根据手感目测和显微镜观察等方法初步鉴别后，再用溶解法加以证实，可以确定各种纤维的具体品种。也可定量分析纱线的混纺比。它比前述方法更可靠。必须注意，纤维的溶解性能不仅与溶剂的品种有关，与溶剂的浓度、温度及作用时间也很有关系。

**表 1-7 常见纺织纤维的溶解性能**

| 纤维名称 | 化学溶剂 | | | | | | | | | | | | | |
|---|---|---|---|---|---|---|---|---|---|---|---|---|---|---|
| | 浓硫酸 | 70%硫酸 | 60%硫酸 | 浓盐酸 | 20%盐酸 | 浓硝酸 | 甲酸 | 冰醋酸 | 5%烧碱 | 铜氨溶液 | 二甲基酰胺 | 次氯酸钠 | 二甲苯 | 间苯酚 |
| 棉 | 溶 | 溶 | 不溶 | 不溶 | 不溶 | 不溶 | 不溶 | 不溶 | 不溶 | 溶 | 不溶 | 不溶 | 不溶 | 不溶 |
| 麻 | 溶 | 溶 | 不溶 | 不溶 | 不溶 | 不溶 | 不溶 | 不溶 | 不溶 | 溶 | 不溶 | 不溶 | 不溶 | 不溶 |
| 毛 | 不溶 | 不溶 | 不溶 | 不溶 | 不溶 | 不溶 | 不溶 | 不溶 | 溶加热 | 不溶 | 不溶 | 溶 | 不溶 | 不溶 |
| 蚕丝 | 溶 | 溶 | 不溶 | 微溶 | 不溶 | 微溶 | 不溶 | 不溶 | 溶 | 不溶 | 不溶 | 溶 | 不溶 | 不溶 |
| 黏胶 | 溶 | 溶 | 溶 | 微溶 | 不溶 | 不溶 | 不溶 | 不溶 | 不溶 | 溶 | 不溶 | 不溶 | 不溶 | 不溶 |
| 涤纶 | 溶 | 不溶 | 不溶 | 不溶 | 不溶 | 不溶 | 不溶 | 不溶 | 不溶 | 不溶 | 不溶 | 不溶 | 不溶 | 溶加热 |
| 丙纶 | 不溶 | 不溶 | 不溶 | 不溶 | 不溶 | 不溶 | 不溶 | 不溶 | 不溶 | 不溶 | 不溶 | 不溶 | 溶 | 不溶 |
| 锦纶 | 溶 | 溶 | 溶 | 溶 | 溶 | 溶 | 溶 | 溶加热 | 不溶 | 不溶 | 溶加热 | 不溶 | 不溶 | 溶 |
| 腈纶 | 溶 | 不溶 | 不溶 | 不溶 | 不溶 | 溶 | 溶 | 不溶 | 不溶 | 不溶 | 溶 | 不溶 | 不溶 | 不溶 |
| 氨纶 | 不溶 | 不溶 | 不溶 | 不溶 | 不溶 | 不溶 | 不溶 | 不溶 | 不溶 | 不溶 | 溶 | 不溶 | 不溶 | 溶 |

## （五）药品着色法

药品着色法是根据各种纤维对某种化学药品的着色性能不同来迅速鉴别。它适用于未染色的纤维、纯纺纱线或织物。通常采用的着色剂有碘-碘化钾溶液和 HI 纤维鉴别着色剂。

碘-碘化钾溶液是将 20 g 碘溶解于 100 mL 的碘化钾饱和溶液中，把纤维浸入其中0.5～

1 min，取出后水洗干净，根据着色不同判别纤维的品种。

HI 纤维鉴别着色剂是东华大学和上海印染公司共同研制的一种着色剂。鉴别时可将试样放入微沸的着色溶液中，浸染 1 min（羊毛、蚕丝和锦纶为 3 min），染完后倒去染液，冷水清洗，晾干，与标准样照对照，根据色相确定纤维类别。

表 1-8　几种纺织纤维的着色反应

| 纤维种类 | 碘-碘化钾溶液着色 | HI 纤维鉴别着色剂着色 | 纤维种类 | 碘-碘化钾溶液着色 | HI 纤维鉴别着色剂着色 |
|---|---|---|---|---|---|
| 棉 | 不染色 | 灰 | 锦纶 | 黑褐 | 酱红 |
| 苎麻 | 不染色 | 灰 | 腈纶 | 褐色 | 桃红 |
| 蚕丝 | 淡黄 | 深紫 | 维纶 | 蓝灰 | 玫红 |
| 羊毛 | 淡黄 | 红莲 | 氯纶 | 不染色 | — |
| 黏胶 | 黑蓝青 | 绿 | 丙纶 | 不染色 | 鹅黄 |
| 涤纶 | 不染色 | 红玉 | 氨纶 | — | 姜黄 |

## 技能训练与能力拓展

**1. 列表比较黏胶、蚕丝、锦纶纤维的性能特征。**

| 纤维种类 | | 黏胶 | 蚕丝 | 锦纶 |
|---|---|---|---|---|
| 长度（按短纤维，长丝） | | 短纤维，长丝 | 长丝 | 短纤维，长丝 |
| 吸湿性（按公定回潮率大小排序） | | 1 | 2 | 3 |
| 主要组成物质 | | 纤维素 | 蛋白质 | 聚酰胺 |
| 耐酸碱性 | | 较耐碱，不耐酸 | 较耐酸，不耐碱 | 耐碱，不耐酸 |
| 纵面形态 | | 锯齿形 | 光滑 | 光滑 |
| 截面形态 | | 有清晰的纵条纹 | 不规则三角形 | 圆形 |
| 燃烧特征 | 气味 | 烧纸味 | 烧毛发味 | 氨臭味 |
| | 灰烬 | 灰白色的灰 | 松脆黑灰 | 黑褐色硬球 |

**2. PTT、PBT 和 T-400 属于哪类纤维，各有什么性能特点？**

PTT、PBT、T-400 纤维都属于弹性比较好的合成纤维。

PTT 纤维是聚酯纤维家族中的一类新产品，学名是聚对苯二甲酸丙二醇酯。与常规 PET 纤维相比较，PTT 的软段部分是丙二醇，因此其碳—碳链较长，这使得该纤维自身具有弹性；并且与 PET 纤维相比，PTT 纤维的玻璃化温度低约 15℃。这种纤维兼具聚酯纤维和聚酰胺纤维的特性。除抗污性强外，其染色性能优于尼龙，能用通常的分散染料染色和印花，染色物具有干爽、挺括等特点；手感柔软，伸长性和弹性纤维一样优异。

PBT 纤维是一种新型聚酯纤维，学名是聚对苯二甲酸丁二醇酯。PBT 纤维除兼具 PTT 纤维的优良特性外，由于它的软段部分是丁二醇，碳—碳链更长，故具有较好的弹性，并且与 PTT 纤维相比，其玻璃化温度低约 10℃。

T-400 纤维是杜邦公司开发的一种新型复合聚酯纤维。该纤维由两种聚酯纤维并列复合纺丝而成，由于这两种聚酯纤维的收缩比不同，因此，该纤维可以产生永久的立体卷曲，从而具有优良的弹性，弹性回复性优于 PBT 纤维，主要用于制作轻质织物和热定形纤维制品，产品具有良好的保形性和抗皱性。

**3. Coolmax 纤维有什么性能特征?**

Coolmax 纤维是杜邦公司开发的聚酯纤维，具有四管道沟槽截面，有芯吸能力。这种纤维的独特之处是：人体出汗时，由于纤维周边的四凹槽排汗管道的毛细作用，能将汗水迅速排至织物表面，并且这种纤维的比表面积比同品种普通圆形截面纤维大 20%左右，所以汗水排至织物表面时能快速蒸发，同时由于纤维截面的特殊形状，纤维之间的空隙较大，将湿气排出的同时导入空气，使人感觉干爽、舒适。30 min 除湿百分率测试，棉为 52%，Coolmax 为 95%。CoolMax 纤维可用于制作衬衫、裤子、袜子、内衣、帽子、背包。

**4. Tactel 纤维有什么性能特征?**

Tactel 纤维是美国杜邦公司开发的新型聚酰胺纤维(即改性锦纶)，是细度小于 1.1 dtex(1D)的细旦纤维，不仅有高强度，更有超强的吸湿性和特殊的光泽、手感。该纤维截面呈三角形，其染色性能优于截面为圆形的普通锦纶纤维。Tactel 纤维织物手感柔软，具有独特的光泽和悬垂性及高强度和高吸湿性。

**5. 复合纺丝法有什么特点与应用?**

所谓复合纺丝法，就是将不同的熔体，按一定的配比，由同一喷丝头压出，在喷丝孔的适当部位相遇而形成纤维。复合纤维如为两种聚合物制成，即为双组分纤维。根据不同组分在纤维截面上的分配位置，可分为并列型、皮芯型和海岛型等。复合纤维往往同时具有所含几种聚合物组分的特点，可制成类似羊毛的高卷曲、易染色、难燃、抗静电、高吸湿等特殊性能的纤维。如涤纶与锦纶的复合纤维，既具有锦纶耐磨性好、强度高、易染色、吸湿性较好的优点，又有涤纶弹性好、模量高、织物挺括等特色，具有更好的综合性能。以上性质不同的高聚物成分是充分混合的。

**6. 简述羊毛纤维的毡缩性及应用，分析羊毛纤维具有毡缩性的原因。**

羊毛纤维的缩绒性是指在湿热条件下，经机械外力的反复作用，羊毛纤维集合体逐渐收缩紧密、交编毡化的性能。

应用包括粗纺织物的缩绒，增加织物厚度、紧度，使外观丰满、手感丰厚、柔软，提高保暖性；短纤维的黏合，如毡子、毡帽、毡靴等。

缩绒的原因是方向性摩擦效应(逆鳞片的摩擦系数大于顺鳞片的摩擦系数)、良好的弹性和卷曲。在机械外力的反复作用下，羊毛单向运动，形成相互纠缠。

**7. 试比较大豆纤维与棉、黏胶、蚕丝、羊毛等常用纤维的性能。**

| 项目 | | 大豆纤维 | 棉 | 黏胶 | 蚕丝 | 羊毛 |
|---|---|---|---|---|---|---|
| 强度(cN/dtex) | 干 | 3.8～4.0 | 2.6～4.3 | 1.5～2.0 | 2.6～3.5 | 0.9～1.5 |
| | 湿 | 2.5～3.0 | 2.9～5.6 | 0.7～1.1 | 1.9～2.5 | 0.67～1.43 |
| 断裂伸长率(%) | | 18～21 | 3～7 | 10～24 | 14～25 | 25～35 |
| 回潮率(%) | | 5～9 | 7～8 | 13～15 | 8～9 | 15～17 |
| 密度($g/cm^3$) | | 1.29 | 1.54 | 1.5～1.52 | 1.33～1.45 | 1.32 |
| 耐热性 | | 差<br>120℃变黄 | 好<br>170℃变黄 | 好<br>150℃变黄 | 好<br>148℃变黄 | 差<br>120℃黄 |
| 耐碱性 | | 一般 | 好 | 好 | 较好 | 差 |
| 耐酸性 | | 好 | 差 | 差 | 好 | 好 |

**8. 试比较聚乳酸酯(PLA)纤维与常用纤维的性能。**

| 项目 | 锦纶 | 涤纶 | 腈纶 | 黏胶 | PLA(INGEO) | 棉 | 蚕丝 | 羊毛 |
|---|---|---|---|---|---|---|---|---|
| 密度($g/cm^3$) | 1.14 | 1.38 | 1.18 | 1.52 | 1.27 | 1.52 | 1.35 | 1.32 |
| 熔点(℃) | 215 | 225 | 320 | | 60～175 | | | |
| 强度(cN/dtex) | 4.5 | 6.0 | 4.0 | 2.5 | 3.8 | 2～3.1 | 4 | 1.6 |
| 回潮率(%) | 4.1 | 0.4 | 1～2 | 11 | 0.4～0.6 | 7.5 | 10 | 14～18 |
| 伸长回复率(%)<br>(5%伸度) | 89 | 65 | 50 | 32 | 93 | 52 | 52 | 69 |
| 燃烧热(mJ/kg) | 31 | 25～30 | 31 | 17 | 19 | 17 | | 21 |
| 极限氧指数(%) | 20～24 | 20～22 | 18 | 17～19 | 26 | 16～17 | | 24 |
| 抗紫外线能力 | 差 | 良 | 优 | 差 | 优 | 差 | 差 | 良 |

**9. 简述甲壳素纤维的特点。**

甲壳素是从虾、蟹、昆虫等甲壳类动物的外壳及菌类、藻类的细胞壁中提炼出的一种类似于纤维素的天然高聚糖，是一种无色、无味、无毒、耐晒、耐热、耐腐蚀、不怕虫蛀的结晶或无定形物，具有许多天然的优良性能，如抗菌性、生物降解性、无毒性、吸附性、溃疡抑制作用等。甲壳素纤维是利用高尖端生产技术将脱乙酰化度为98%以上的高纯度甲壳胺通过湿式纺丝法生产的高纯度甲壳胺纤维。因直接将甲壳胺纤维化而成，能够完善地发挥甲壳胺固有的机能，对人体毫无副作用，是极其安全的纤维。

该纤维的特点包括：增强免疫力，保湿，促进皮肤再生，活化人体抗菌酶，溶解酵素，促进新陈代谢，抗菌，抑制细菌繁殖，除臭，除汗味，防静电，染色性好，消炎。

与棉纤维相比，甲壳素纤维的线密度偏大，强度偏低，这在一定程度上影响了甲壳素纤维的成纱强度。甲壳素纤维非常粗，约为 5 dtex，经预处理后主体长度为 28 mm，强度较低，纤维间抱合性能差。在前纺开松、梳理过程中，纤维容易受到损伤，而且成网、成条比较困难；在后纺阶段成纱强度低，易断头。通常将甲壳素纤维与棉纤维或其他纤维混纺，以改善其可纺性。甲壳素纤维可纺成长丝或短纤，长丝用于捻制成医用吸收性外科缝合线。

**10. 简述罗布麻纤维的特征与应用。**

罗布麻纤维是品质优良的天然纤维，属世界稀有野生植物，被誉为“纤维之王”，具有平肝、清热、降低血压、强心等药理作用。因此，由罗布麻纤维制造的内衣，具有穿着舒适、吸湿散热、改善人体微循环等独特的保健功能。罗布麻是生长在我国新疆孔雀河及塔里木河两岸的一种野生植物，属多年生草本宿根植物。由于它主要生长在罗布平原而得名，又称野麻。分为红麻、白麻两种，可用于医药和纺织。由于罗布麻纤维的整齐度差，抱合不良，影响了罗布麻纤维的大规模开发，现已成功地将罗布麻纤维与长绒棉混纺织成健康内衣。

**11. 试分析棉纤维长度、细度与纱线质量的关系。**

(1) 棉纤维长度与纺得的纱线质量的关系为：

① 在一定范围内，棉纤维长度越长，纺得的纱线强度越高；

② 棉纤维长度越长，可纺纱线的极限细度越细；

③ 棉纤维长度越长，纺得的纱线的毛羽越少；

④ 棉纤维长度越长、长度越均匀，纺得的纱线的条干越好。

(2) 棉纤维细度与纺得的纱线质量的关系为：

① 棉纤维细度越细，纺得的纱的极限细度越细；

② 棉纤维细度越细，纺得的纱的条干越好；

③ 棉纤维细度越细，纺得的纱的强度越高。

**12. 1.5 D 的丙纶与 2 D 的涤纶，哪个粗？为什么？（已知纤维密度：涤纶为 1.38 g/cm³、丙纶为 0.91 g/cm³）**

$$\frac{d_{丙}}{d_{涤}}=\sqrt{\frac{N_{D丙}}{\gamma_{丙}}\cdot\frac{\gamma_{涤}}{N_{D涤}}}=\sqrt{\frac{1.5}{0.91}\cdot\frac{1.38}{2}}\approx 1.1>1\text{，故丙纶粗。}$$

**13. 有一批重量为 2 250 kg 的锦纶，从中抽取 50 g 试样，烘干后的干燥重量为 47.8 g，求：(1)该批锦纶的实际回潮率；(2)该批锦纶的干燥重量、公定重量。（锦纶的公定回潮率为 4.5%）**

(1) 实际回潮率 $W=\frac{G_a-G_0}{G_0}\times 100(\%)=\frac{50-47.8}{47.8}\times 100\%=4.6\%$

(2) 该批锦纶的干燥重量 $G_0=\frac{2\,250\times 1}{1+4.6\%}=2\,151.1\ (\text{kg})$

公定重量 $G_k=2\,250\times\frac{1+4.5\%}{1+4.6\%}=2\,247.8\ (\text{kg})$

**14. 已知某批锯齿棉净重 40.372 t，标准含杂率为 2.5%，标准回潮率为 8.5%，实际含杂率为 1.8%，实际回潮率为 7.5%，求该批原棉的公定重量。**

$$该批原棉的公定重量=净重\times\frac{(100-实际含杂率)\times(100+标准回潮率)}{(100-标准回潮率)\times(100+实际回潮率)}=40.372\times\frac{(100-1.8)\times(100+8.5)}{(100-2.5)\times(100+7.5)}=41.040\ (\text{t})$$

**15. 已知正常棉纺成纱要求单纱截面中纤维根数≥60 根，若纺 100 公支棉纱，问棉纤维至少为多少公支？相当于多少旦尼尔？现采用 7 000 公支的棉纤维纺纱，实际截面根数为多少？如果用 10 根 1D 的涤纶长丝束(10D/10F)替代前两种情况中的部分棉纤维，并保持原成纱的线密度，问两种情况下纱截面中的棉纤维根数比是多少？混纺比是否一样？涤纶的混纺比为 1/10时，涤纶丝的直径为多少？**

$$棉纤维的公制支数\ N_{mf}=n\cdot N_{my}=60\times100=6\,000(公支)$$

$$棉纤维的旦尼尔数\ N_D=\frac{9\,000}{N_{mf}}=\frac{9\,000}{6\,000}=1.5(\text{D})$$

$$n=\frac{N_{mf}}{N_{my}}=\frac{7\,000}{100}=70(根)$$

$$棉纱的旦尼尔数=\frac{9\,000}{100}=90(\text{D})$$

$$棉纤维为\ 6\,000\ 公支时的根数=\frac{90-10\times1}{1.5}=\frac{160}{3}(根)$$

$$7\,000\ 公支相当于\frac{9}{7}\text{D}，因此棉纤维为\ 7\,000\ 公支时的根数=\frac{90-10\times1}{\frac{9}{7}}=\frac{560}{9}(根)$$

$$两种情况下截面中的棉纤维根数比=\frac{\frac{160}{3}}{\frac{560}{9}}=\frac{6}{7}$$

所以混纺比不同

$$涤纶丝的旦尼尔数=\frac{90\times\frac{1}{10}}{10}=\frac{9}{10}(\text{D})$$

$$涤纶丝的直径\ d=11.89\sqrt{\frac{N_D}{\gamma}}=11.89\sqrt{\frac{0.9}{1.38}}=9.6(\mu\text{m})$$

**16. 鉴别织物中原料的方法通常有哪四种？**

(1) 手感目测法，是通过人的感官，根据纤维的外观形态、色泽、手感及拉伸特性等进行鉴别；(2)燃烧法，是一种常用的简易鉴别法，利用各种纤维在燃烧时的火焰情况、燃烧气味及灰烬状态等方面的不同特征来鉴别；(3)显微镜观察法，用显微镜观察各种纤维的纵向截面和横向截面形态来鉴别；(4)化学溶解法，根据各种纤维在不同化学溶液中具有不同溶解性能的原理来鉴别。

**17. 试分析涤/腈/黏混纺织物的主要性能特点。**

涤/腈/黏混纺，混入黏胶纤维的目的是增加织物的吸湿性和透气性，减少静电现象，降低成本；腈纶的蓬松性好，可赋予织物一定的毛型感；涤纶的作用是提高抗皱性、免烫性和褶裥保持性，同时赋予织物较高的硬挺度和耐磨性。

**18. 试通过下面的拉伸曲线比较棉与黏胶纤维的拉伸性能。**

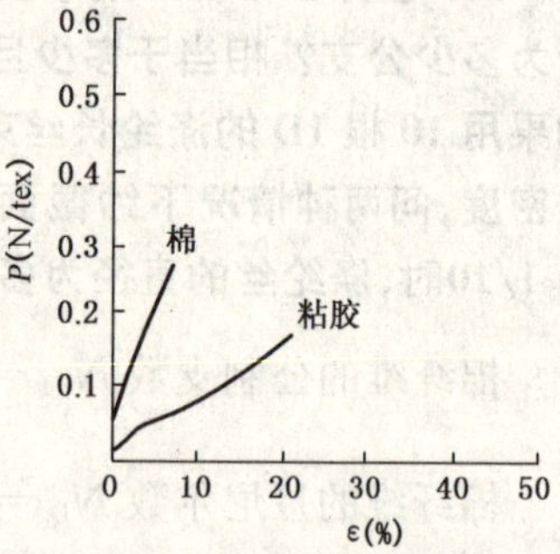


图中所示为纤维的应力-应变曲线。从中可以看出，棉和黏胶的强伸性都较差，相比较而言，棉的强度较大，黏胶的伸长能力较大；黏胶的初始摸量比棉小，表示黏胶纤维刚性小，其制品比棉更柔软；棉、黏胶的断裂比功都较小，反映了韧性都较差，其制品不耐磨。

**19. 下图为纤维定伸长弹性测试的拉伸图，按此曲线如何算得弹性回复率 $R_e$？其数值的大小与纤维的弹性有什么关系？试分析纤维弹性影响其制品的哪些性能？**

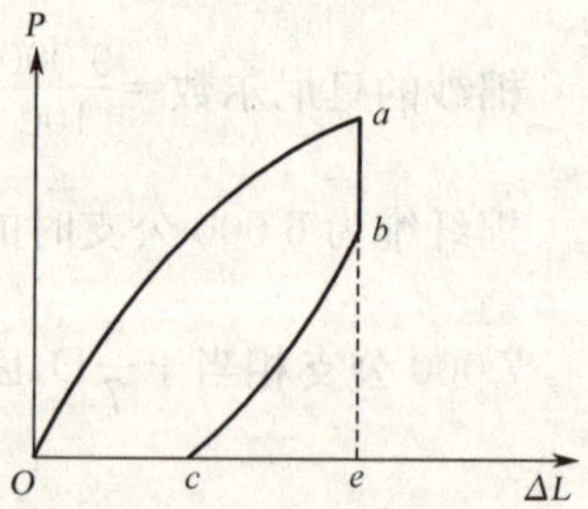


弹性回复率 $R_e = \frac{ce}{oe} \times 100\%$

弹性回复率越大，表示纤维材料的弹性越好，其制品耐磨，抗折皱性好，手感活络，尺寸稳定。

**20. 如何用简单可靠的方法鉴别棉、麻、蚕丝、羊毛、黏胶、涤纶纤维？**

第一步：燃烧法，有烧纸味的纤维是棉、麻或黏胶，归为一组；有烧羽毛臭味的为毛或蚕丝纤维，归为一组；燃烧时有浓烟，残留物为黑色硬块，则为涤纶。

第二步：在有烧纸味的一组纤维中，采用显微镜法观察纤维纵面，有天然转曲的为棉纤维，有粗节的为麻纤维，有沟槽的是黏胶；羊毛和蚕丝也可采用显微镜观察法加以区分，表面光滑的为蚕丝，表面有鳞片的为羊毛。

（答案可多种）

**21. 解释极限氧指数（*LOI*）的定义。**

极限氧指数（*LOI*）是指试样在氧气和氮气的混合气体中维持完全燃烧状态所需的最低氧气体积百分数。

一般认为，$LOI<20\%$，易燃；$20\%<LOI<26\%$，可燃；$26\%<LOI<34\%$，难燃；$LOI>35\%$，不燃。

**22. 分析纺织纤维的机械性能。**

纺织纤维的机械性能包括纤维的强度、伸长、弹性、耐磨性、弹性模量等。

纤维的强度：纤维的强度是指纤维抵抗外力破坏的能力，它在很大程度上决定了纺织商品的耐用程度。纤维的强度可用纤维的绝对强力表示，它是指纤维在连续增加负荷的作用下直至断裂时所能承受的最大负荷，其法定计量单位为“牛顿(N)”或“厘牛顿(cN)”。由于纤维强力与纤维的粗细有关，所以对不同粗细的纤维，绝对强力无可比性，因此，常用相对强度来表示纤维的强度。相对强度是指单位线密度(每特或每旦)纤维所能承受的最大负荷，法定计量单位为“牛/特(N/tex)”或“厘牛/特(cN/tex)”。

纤维的弹性：纤维及其制品在加工和使用过程中都要经受外力的作用，并且产生相应的变形。当外力的作用去除后，纤维的一部分变形可回复，另一部分变形则不会回复。根据纤维的这一特性，可将纤维的变形分为三个部分，即外力去除后能立即回复的这部分变形称为急弹性变形，外力去除后能缓慢回复的这部分变形称为缓弹性变形，外力去除后不能回复的这部分变形称为塑性变形。纤维的弹性就是指纤维变形的回复能力。表示纤维弹性大小的常用指标是纤维的弹性回复率或称回弹率，指急弹性变形和一定时间内的缓弹性变形占总变形的百分率。纤维的弹性回复率高，则纤维的弹性好，变形回复的能力强。用弹性好的纤维制成的纺织品，尺寸稳定性好，服用过程中不易起皱，并且较耐磨。如涤纶具有优良的弹性，其制成的服装具有挺括、耐磨等特性。

纤维的耐磨性：纤维及其制品在加工和实际使用过程中，由于不断经受摩擦而引起磨损。纤维的耐磨性就是指纤维耐受外力磨损的性能，与其纺织制品的坚牢度密切相关。耐磨性的优劣是衣着用织物服用性能的一项重要指标。纤维的耐磨性与纤维的大分子结构、超分子结构、断裂伸长率、弹性等因素有关。常见纤维的耐磨性高低顺序为：锦纶＞丙纶＞维纶＞乙纶＞涤纶＞腈纶＞氯纶＞毛＞丝＞棉＞麻＞富强纤维＞铜氨纤维＞黏胶纤维＞醋酯纤维＞玻璃纤维。

纤维的弹性模量：纤维的弹性模量也称“初始模量”，指纤维拉伸曲线上开始一段直线部分的应力和应变之比值。在实际计算中，一般取负荷伸长曲线上伸长率为1%时的一点来求得纤维的弹性模量。纤维弹性模量的大小表示纤维在小负荷作用下的难易程度，它反映了纤维的刚性，并与织物性能的关系密切。当其他条件相同时，纤维的弹性模量大，则织物硬挺；反之，则织物柔软。

**23. 分析纤维的初始模量和拉伸变形回复性对织物抗皱性的影响。**

涤纶的初始模量较大，所以织物的抗皱性好。黏胶纤维与蚕丝的初始模量相近，但黏胶纤维的拉伸变形回复性差而蚕丝中等，因此丝织物的抗皱性能优于黏胶纤维织物，居中间程度。棉、麻纤维的初始模量较高，但由于拉伸变形回复性差，所以织物一旦形成折皱就不易消失，折皱回复性差。

**24. 纺织品性能测试前，从纤维吸湿性考虑，需要做哪些准备工作？为什么？**

周围的空气条件在很大程度上影响纤维的回潮率。相对湿度大，纤维的平衡回潮率高；温度高，纤维的平衡回潮率低。

纤维达到平衡回潮率需要一定的时间，为减少纺织材料吸湿滞后性的影响，在纺织品性能测试前，应将测试试样放在标准大气条件下调湿一定时间，对含水率较高的试样，还应该进行预调湿，再进行调湿处理。

**25. 试比较 PTT 纤维与涤纶(PET)、锦纶(PA6 和 PA66)纤维的性能。**

| 项 目 | PTT 纤维 | PET 纤维 | PA6 纤维 | PA66 纤维 |
|---|---|---|---|---|
| 蓬松性及弹性 | 优 | 中 | 中 | 良 |
| 抗折皱性 | 优 | 优 | 中 | 良 |
| 静电 | 低 | 很高 | 高 | 高 |
| 拉伸回复性 | 优 | 差 | 良 | 优 |
| 吸水性 | 差 | 差 | 中 | 中 |
| 耐气候性 | 优 | 良 | 差 | 差 |
| 尺寸稳定性 | 良 | 良 | 良 | 良 |
| 染色性 | 优 | 优 | 良 | 良 |
| 印花适应性 | 优 | 中 | 良 | 良 |
| 耐污染性 | 优 | 良 | 优 | 优 |

实训项目二

# 纱线及其应用

## 实训目标

实训任务

通过实习，熟悉各类纱线的基本结构特征和性能，能够根据不同的织物要求正确选择合适的纱线，并为今后生产实践打下坚实基础。

知识目标

1. 熟悉各类纱线的基本结构特征和性能；
2. 熟练掌握各类纱线的基本特性和共性对后加工工艺和织物性能的影响。

能力目标

能够根据不同的织物要求正确选择合适的纱线。

## 知识梳理

## 一、纱线分类

用纺织纤维加工制成的具有一定细度和强度的连续的长条称为纱线。纱线分类的方法很多，主要分类方法如下。

### （一）按结构和外形分类

短纤维纱：由短纤维形成的纱线；长丝纱：由长纤维形成的纱线。

#### 1. 短纤维纱

短纤维纱由短纤维（天然短纤维和化学短纤维）纺纱加工而成，有单纱、股线、复合股线、花式线等。

**（1）单纱** 由短纤维集束为一股连续纤维束捻合而成。

**（2）股线** 由两根或两根以上的单纱合并、加捻而成。

**（3）复合股线** 由两根或多根股线合并、加捻而成，如缆绳。

**（4）花式捻线** 由芯线、饰线和固纱捻合而成，具有特殊的结构、性能和外观。

**2. 长丝纱**

长丝纱由很长的连续纤维(蚕丝或化纤长丝)加工制成,分类如下:

**(1) 单丝纱** 指长度很长的连续单根纤维,可直接用于织造。

**(2) 复丝纱** 指两根或两根以上的单丝并合在一起而形成的纱。

**(3) 捻丝** 复丝加捻即得捻丝。

**(4) 复合捻丝** 捻丝再经一次或多次合并、加捻即成复合捻丝。

**(5) 变形丝** 化纤原丝经变形加工,使之具有卷曲、螺旋、环圈等外观特征而呈现蓬松性、伸缩性的长丝纱。

变形丝中数量最多的是弹力丝,其加工方法有以下几种:

① 假捻加工法 利用合成纤维的热塑性,将合成纤维原丝在强捻情况下加热定形,形成螺旋卷曲,再退去捻度,螺旋形卷曲则保存下来,从而形成弹性大而蓬松的弹力丝。

② 刀口变形法 将原丝经过加热装置加热后,紧靠着刀口的边缘擦过而形成变形丝。

③ 填塞箱变形法 将原丝超量喂入或在冲击情况下喂入加热的填塞箱,制成二维卷曲的变形丝;也可通过加压的热流体(空气、气体、蒸汽),将丝超量地施于冷表面而制成三维卷曲的变形丝。

④ 赋形变形法 将加热的原丝在一对齿轮间或类似的装置内通过,在齿轮啮合处进行热定形,以形成卷曲;或者将原丝在小直径的圆形针织机上编结成圆筒形针织物,由平板加热器加热定形,使丝固定成针织线圈状卷曲,然后将针织物脱散而形成具有卷曲的变形丝。

⑤ 喷气变形法 将超喂的原丝在喷气头内受到压缩涡流气流的作用,这样,各根丝产生弯曲,形成随机的环圈,并借纤维间的摩擦作用固定在一定的位置上,使丝条形成扭结环圈,再经过(或不经过)热处理,形成喷气膨体纱;或者控制原丝在一定的张力下经过喷头,受高压气流吹捻,使单丝间相互交缠,形成周期性的网络结的网络丝。

**2. 短纤维和长丝复合纱**

主要品种有包芯纱,以长丝为纱芯,外包其他短纤维加捻而成,如氨/棉包芯纱。

## (二) 按原料分类

**1. 纯纺纱线**

用一种纤维纺成的纱线称为纯纺纱线,前面冠以纤维名称进行命名,如棉纱线、毛纱线、黏胶纱线等。

**2. 混纺纱线**

用两种或两种以上的不同纤维混纺而成的纱线称为混纺纱线。其命名原则是按原料混纺比的大小依次排列,比例多的在前,如比例相同,则按天然纤维、合成纤维、再生纤维的顺序排列。混纺所用原料之间用“/”分开,如涤/棉纱、涤/棉/锦等。

### (三) 按纺纱工艺、纺纱方式分

**1. 按纺纱工艺分**

**(1) 棉纱** 棉纺系统生产棉纱,又可分为精梳纱、普梳纱和废纺纱。

**(2) 毛纱** 毛纺系统生产毛纱,又可分为精梳毛纱、粗梳毛纱和废纺毛纱。

**(3) 麻纺纱** 麻纺系统生产麻纱。

**(4) 绢纺纱** 绢纺系统生产绢纺纱。

**2. 按纺纱方法分**

**(1) 环锭纱** 指用一般环锭细纱机纺得的纱。

**(2) 新型纺纱** 包括自由端纺纱和非自由端纺纱。

① 自由端纺纱 指纺纱过程中纱条的一端不被握持,纤维聚于纱条的自由端经过加捻而成纱。

② 非自由端纺纱 目前主要是自捻纺纱。

### (四) 按组成纱线的纤维长度分

**(1) 棉型纱线** 指用长度在 51 mm 以下、线密度类似棉纤维的短纤维由棉纺设备加工而成的纱线。

**(2) 毛型纱线** 指用羊毛或用长度(64～114 mm)和线密度类似羊毛的纤维由毛纺设备加工而成的纱线。

**(3) 中长纤维型纱线** 指用长度、线密度介于毛、棉之间(一般长度为 51～65 mm,线密度为2.78～3.33 dtex)的纤维由棉纺设备或中长纤维专用设备加工而成,具有一定的毛型感的纱线。

### (五) 按粗细分

**(1) 特低线密度纱(特细特纱)** 线密度为 10 tex 及以下($60^S$及以上)的很细的纱。

**(2) 低线密度纱(细特纱)** 线密度为 11～20 tex($60^S$～$29^S$)的较细的纱。

**(3) 中线密度纱(中特纱)** 线密度为 21～31 tex($28^S$～$19^S$),介于粗特纱与细特纱之间的纱。

**(4) 高线密度纱(粗特纱)** 线密度为 32 tex 及以上($18^S$及以下)的较粗的纱。

## 二、纱线的结构

纱线的物理性能、外观特性及使用性能,是由组成纱线的纤维的性质和纱线的结构决定的。影响纱线结构最重要的因素是加捻。

### (一) 加捻的实质及其作用

在短纤维的纺纱过程中,加捻是成纱的关键。加捻的实质就是使纱条的两个截面产生相对回转，这使纱条中原来平行于纱轴的纤维倾斜成螺旋线。当纱条受到外力拉伸时，倾斜的纤维对纱轴产生向心压力，使纤维间有一定的摩擦力，不易滑脱，纱条就具有了一定的强度。所以，对短纤维来说，加捻是为了形成一个不易被横向外力所破坏的紧密作用。然后通过逐步牵伸，再把条状纤维束拉成线状纤维束(粗纱、细纱)。

## (二) 加捻指标及换算

表示加捻程度的指标有捻度、捻回角、捻幅和捻系数，表示加捻方向的指标有捻向。

**(1) 捻回角** 捻回角反映纱条加捻后表面纤维的倾斜程度，可以用来比较不同粗细的纱条的加捻程度，但不方便测量，所以生产上不予采用。

**(2) 捻度** 纱线加捻时，两个截面的相对回转数称为捻回数。纱线单位长度内的捻回数称为捻度。按不同的单位长度，有：特克斯制捻度($T_1$)，即每十厘米的捻回数；英制捻度($T_e$)，即每英寸的捻回数；公制捻度($T_m$)，即每米的捻回数。$T_1$、$T_e$ 和 $T_m$ 之间的关系为：

$$T_1 = 3.937\ T_e = T_m/10$$

一般地，我国棉型纱线采用特数制，捻度的单位长度为 10 cm；毛型纱线及化纤长丝采用公制，捻度的单位长度为 1 m。

**(3) 捻系数** 实际生产中常用捻系数来表示纱线的加捻程度，可根据纱线的捻度和线密度计算而得到。

同理，当采用公制和英制捻度时，可以导出如下捻度公式：

$$T_m = \alpha_m \sqrt{N_m} \tag{2-1}$$

$$T_e = \alpha_e \sqrt{N_e} \tag{2-2}$$

相应的公制捻系数、英制捻系数公式为：

$$\alpha_m = \frac{T_m}{\sqrt{N_m}} \tag{2-3}$$

$$\alpha_e = \frac{T_e}{\sqrt{N_e}} \tag{2-4}$$

式中：$T_m$——纱线的公制捻度(捻/m)；

$\alpha_m$——公制捻系数；

$N_m$——纱线的公制支数；

$T_e$——纱线的英制捻度(捻/英寸)；

$\alpha_e$——英制捻系数；

$N_e$——纱线的英制支数。

**(4) 捻向** 捻向指纱线加捻的方向，是根据加捻后纤维在纱线中或单纱在股线中的倾斜方向而定的，有 Z 捻和 S 捻之分。Z 捻又称为反手捻，大多数单纱均采用 Z 捻；S 捻又称为顺手捻。一般当单纱采用 Z 捻时，股线采用 S 捻，可表示为 Z×S。复捻股线的捻向表示按先后加捻的捻向为序，如 ZSZ。经纬纱捻向的配合对织物的外观和手感的影响很大。

## （三）捻度的测试

目前常用的捻度测试方法有两种，即直接记数法和退捻加捻法。按国家标准要求，采用Y311A型捻度机。

### 1. 直接记数法

直接记数法又称解捻法。将试样以一定的张力夹在两个距离一定的夹头中，其中一个夹头可绕试样轴线回转。用电动方法使纱线解捻，直至捻度完全解完为止，记下显示的捻回数值。根据捻回数和试样长度即可求得捻度。

直接记数法多用于长丝、股线或捻度很少的粗纱，但不适用于短纤维纱。

### 2. 退捻加捻法

退捻加捻法又称张力法。短纤维纱大多采用此法。

退捻加捻法的工作原理是在一定张力下使一定长度的纱解捻，待捻度解完后，继续回转，使纱加上与原来捻度捻向相反而数量相等的捻回，这时在同样张力下纱的长度与原来相同。

测试之前，先选择适当转速（棉、丝 1 500 r/min，毛、麻 750 r/min），按要求调节好夹钳距离、限位、预加张力。将试验方式选择开关扳向退捻加捻一侧，将解捻方向选择开关拨向试样解捻方向位置，夹持好试样，并将右纱夹的零刻度线与轴承盖上的指示线对准，使弧指针指向零，同时按清零键。开车解捻，当弧指针离开零位时，仪器自停。此时，记录显示器上的捻回数值，即为所测单纱的捻度。

生产中常定期取一定根数（一般为 20 根，每根测两次）的试样，测试后求其平均捻度和捻度不匀率，以考核纱线的捻度是否符合标准，从而保证纱线的质量。

$$\text{平均捻度(捻 /cm)} = \frac{\text{全部试样捻回数的总和} \times 100}{\text{试样长度(mm)} \times \text{试验次数}} \tag{2-5}$$

$$\text{捻度不匀率(\%)} = \frac{2 \times (\text{平均值} - \text{平均以下平均值}) \times \text{平均以下次数}}{\text{平均值} \times \text{实验总次数}} \times 100 \tag{2-6}$$

## （四）加捻对纱线性质的影响

### 1. 加捻对纱线强力的影响

纱线拉伸断裂时，总是发生在最薄弱的断面处（即强力弱环）。对于短纤维纱线来说，受拉伸外力作用而断裂有两种情况，一是由于纤维本身断裂而使纱线断裂，二是由于纤维间滑脱而使纱线断裂。加捻使纱线中的纤维产生向心压力，增大了纤维间的摩擦阻力，使断裂时滑脱纤维的数量减少；同时，由于纱条粗细不匀，导致捻度分布不匀，较粗的地方捻度少，较细的地方捻度多，改善了纱条的弱环。这两点都是加捻有利于纱线强力的因素。但是，加捻使纱中的纤维产生了预应力，纤维与纱轴倾斜，使纤维所能承受的轴向拉力降低，捻度过大时，纱条内外层纤维的应力分布不匀增加，会加剧纤维断裂的不同时性。这些是不利于纱线强力的因素。因此，加捻对成纱强力的影响，取决于有利因素和不利因素的综合。捻度较小时，加捻主要表现为有利因素起作用，故纱线强力随捻度增大而增大。当捻度达到一定数值时，不利因素转为主导地位，纱线强力随捻度增加而逐渐减小。使纱线强力达到最大值时的捻度称为临界捻度，相应的捻系数称为临界捻系数($\alpha_k$)。生产中采用的捻系数，通常略小于临界捻系数。

长丝纱的临界捻系数比短纤维纱小得多。这是因为长丝在加捻前就比较均匀，且有一定的强力，加捻对纱线强力产生的有利因素较快地转为不利因素。

**2. 捻度对纱线伸长和弹性的影响**

纱线拉伸断裂时产生的伸长由三部分组成：一是纤维相互滑移产生的伸长；二是纤维受拉伸产生的变形伸长；三是纱的直径和捻回角变小产生的伸长。随着纱线捻度增加，纤维间的摩擦力增大，由纤维滑移产生的伸长会逐渐减小，但二三部分的伸长会逐渐增大。在一般采用的捻系数范围内，通常后两部分的伸长是主要的，所以，纱的断裂伸长随捻度增大而增大。

纱线伸长的可回复部分与总伸长之比，称为纱线的弹性。在一般采用的捻度范围内，纱线的弹性随捻度的增加而增加；达到一定捻度后，纤维预应力下降，纱线弹性开始下降。通常采用的纱线捻度都接近于纱线弹性最大的捻度范围，使纱线能够承受较多次的反复拉伸，提高成品的坚牢度。

**3. 捻度对纱线密度和直径的影响**

纱线密度反映纱线中纤维集合的紧密程度。棉纱的密度为 0.8～1.2 g/cm$^3$，而棉纤维的密度为 1.52 g/cm$^3$，可见棉纱中有 30%～50%是空隙，加捻使纱的紧密度增加。当捻度增加时，纤维间空隙减小，纱的密度增加，而直径减小；当捻度增大到一定程度后，纱的可压缩性减小，密度和直径变化不大，相反，由于纤维过于倾斜，有可能使纱的直径稍有增加。

**4. 捻度对纱线捻缩的影响**

加捻后，纤维倾斜，使纱的长度缩短，故而产生捻缩。捻缩的大小一般用捻缩率表示，它是指加捻前后纱条长度的差值和加捻前长度的比值的百分数。

一般，纱的捻缩率随捻度的增大而增大。

股线的捻缩率与股线、单纱的捻向有关系。同向加捻时，加捻后长度缩短，捻缩率为正值，且捻缩率随捻度增加而变大；反向加捻、股线捻系数较小时，单纱解捻而使股线长度有所伸长，捻缩率为负值，当捻系数增加到一定值后，捻缩率再变为正值，且随捻系数增加而变大。

捻缩率除与捻系数有关外，还与纺纱张力、车间温湿度、纱的粗细等因素有关。纺纱张力大时，捻缩率较小；车间温湿度高时，捻缩率较小；粗纱的捻缩率比细纱大。

捻缩率的大小直接影响纺成纱线的细度和捻度，在纺纱和捻线工艺设计时必须加以考虑。

**5. 捻度对纱线光泽和手感的影响**

纱的捻度较大时，纤维倾斜角较大，光泽较差，手感较硬。

股线的光泽与手感取决于表面纤维的倾斜程度。外层纤维的捻幅大，光泽差，手感硬；反之，外层纤维的捻幅小，则光泽好，手感柔软。双股线反向加捻，当股线捻系数与单纱捻系数之比为 0.707 时，外层捻幅为零，此时外层纤维平行于股线轴线，光泽最好，手感也最好。

### (五) 股线的结构与性质

单纱并合加捻成线，改善了纱线中纤维的应力分布状态，提高了纱线的品质。制造高品质的织物时多采用股线。

### 1. 股线细度的表示方法

股线的细度用组成股线的单纱细度和股数表示。使用特数时，股线细度为单纱特数乘股数，如 14 tex×2；如合股单纱细度不同，则以各股单纱细度相加表示，如 16 tex＋18 tex。使用英制支数时，则以各股单纱支数除以股数，如 $60^S/2$；如合股单纱细度不同，则把单纱支数并列，中间用斜线隔开，如 $60^S/66^S$。

### 2. 股线的结构特点

纤维在股线中的空间轨迹，较单纱中更为复杂。由于再加捻，纤维对股线轴线的倾角，随股线中单纱位置的不同而变化。所以，一般以单纱为单位来研究它在股线中的配置。当一次并捻的单纱根数在 5 根以内时，在加捻过程中，各根单纱受力均匀，形成空心结构，股线的结构稳定均匀，股线强度高。而当一次并捻的单纱根数在 6 根以上时，其中一根或多根单纱，将处在中间位置，在加捻过程中，各根单纱受力不均匀，外面单纱的张力大于中间单纱的张力，内外单纱的位置会因张力不同而发生转移，结果使股线形成不均匀的实心结构，影响股线的强度。捻度较高时，由于单纱受力不均匀加剧，使股线可能会出现螺旋结构，降低股线质量。因此，实际生产中，一次并捻的单纱根数不宜超过 5 根。如需较多根数并合，要采用二次并合或多次并合的方法。

影响股线结构的另一个因素是单纱和股线的捻向配合。当股线捻向与单纱捻向相反时，捻回稳定，股线结构均匀稳定。当股线捻向与单纱捻向相同时，捻回不稳定，股线结构不稳定，易产生扭结。因此，生产中常采用反向并捻，比如单纱 Z 捻，股线为 S 捻。

### 3. 加捻对股线性能的影响

**(1) 对股线机械性能的影响** 不同捻度的单纱双股合并，反向加捻成股线时，强力曲线随捻度不同而不同。单纱捻度小时，股线强力随股线捻度增加逐渐增加，到一定捻度后强力迅速下降。单纱捻度大时，股线强力在股线捻度较小时就很快达到最高，但最高强力的数值较单纱捻度小时低。这种特点是单纱和股线捻向配合加捻时合股纱捻度变化的影响引起的。故生产中一般选择单纱捻系数较小、股线捻系数较大。反向并捻的股线强力一般都大于合股单纱的强力之和。

股线捻度和断裂伸长的关系较为复杂，当股线反向加捻时，股线的断裂伸长先稍有下降，然后随捻度增加逐渐增大；当股线同向加捻时，断裂伸长随捻度增加有所增大。

股线加捻后，弹性和承受反复拉伸的能力得到增强。

股线内部的应力较均匀，纤维不易松动，当表面纤维磨损时，内部纤维仍可保持一定的联系，因而耐磨性优于单纱。

**(2) 对光泽、手感的影响** 股线的光泽和手感取决于股线表面纤维对轴向的倾斜程度。反向并捻的双股线，可以利用单纱捻度和股线捻度的配合，使股线表面的纤维平行于股线轴线，此时，股线强力较高，又有较好的光泽和手感。

**(3) 对捻缩的影响** 股线的捻缩率与股线和单纱的捻向有关。同向并捻时，股线的捻缩为正值。反向并捻时，在开始的一定范围内，因单纱解捻产生的伸长大于因股线加捻而产生的捻缩,因此股线发生负捻缩,即捻伸;捻度继续增加,股线的捻缩转变为正值,并随捻度的增加而增大。

**(4) 对条干均匀度的影响**　合股加捻,由于并合作用,提高了纱线的条干均匀度,使长片段和短片段不匀率明显下降。降低条干不匀率是单纱合股并捻的重要目的之一。

### (六) 混纺纱的结构和公定回潮率

混纺纱是指两种以上不同品种或不同特性的纤维混纺而成的纱线。通过混纺可以发挥不同纤维的优良性能,取长补短,增加品种,提高纺织品的服用性能。混纺纱的性质,当然取决于各纤维组分的性质,同时还取决于混纺比。混纺纱中各纤维组分会影响加捻三角区中纤维内外转移的规律,从而产生不同纤维组分的径向分布不匀的趋势。这个问题至关重要,以织物的手感、外观、风格和耐用性能而论,位于混纺纱表层的纤维起着决定性的作用,例如,当较多的细而柔软的纤维分布在表层时,织物手感必然柔和细腻;当较多粗而刚硬的纤维分布在表层时,织物手感必然粗糙刚硬;如果较多强度高、耐磨性好的纤维分布在表层,织物必然耐穿耐用。

#### 1. 影响混纺纱中纤维径向分布的因素

加捻三角区中,纤维内外转移必须克服周围纤维的阻力,而周围纤维的阻力和纤维的向心压力都与纤维的物理性质有关。

**(1) 纤维长度**　长纤维趋向于分布在纱的内层,短纤维趋向于分布在纱的外层。这是因为长纤维易同时被前罗拉和加捻三角区下端的成纱处所握持,在纺纱张力作用下,受到的力较大,所以向内转移。短纤维则不易同时为两端握持,在纺纱张力的作用下,向心压力较小,所以不易向内转移。

**(2) 纤维细度**　细纤维的抗弯刚度小,容易弯曲,在向心压力的作用下,易向内转移而分布在纱的内层;粗纤维则相反,易分布在纱的外层。

**(3) 纤维截面形状**　异形截面纤维的抗弯刚度大,不易弯曲,在向心压力作用下,不易向内转移而分布在纱的外层;圆形截面纤维则相反,易向内转移而分布在纱的内层。

**(4) 初始模量**　初始模量高的纤维趋向于纱的内层,初始模量低的纤维趋向于纱的外层。因为初始模量高的纤维,在同样伸长的情况下,纺纱张力大,向心压力也大,易向内转移。

**(5) 纤维卷曲和表面状态**　纤维的卷曲和表面状态会影响纤维间的转移阻力,因此,摩擦系数大的纤维不易向内转移而分布在纱的外层。

性质不同的纤维,其径向分布的规律是混纺纱结构的一个重要课题,如果恰当地运用这些规律,可以得到较理想的产品性能,设计出特殊的纱线。例如涤/棉混纺纱中,选用粗而短的涤纶,能使涤纶较多地分布在纱的外层,制成的织物耐磨性就好,手感也较滑挺;在锦纶混纺织物中,选用比待混纺纤维粗而短的锦纶,可使锦纶较多地分布在纱的外层,充分发挥锦纶耐磨性优良的特点,使织物耐磨;又如毛/黏混纺纱,选用比羊毛纤维细而长的黏胶纤维,既有利于成纱强力和条干,又因为羊毛分布在外层而赋予织物优良的毛型感。

#### 2. 混纺纱的公定回潮率

混纺纱的公定回潮率可按各组分纤维的公定回潮率和混纺比进行加权平均计算,算式如下:

$$W_k = \frac{W_1P_1 + W_2P_2 + \cdots}{100} \tag{2-7}$$

式中：$W_k$——混纺纱的公定回潮率；

$W_1$，$W_2$…——混纺纱中第一种、第二种……纤维的公定回潮率；

$P_1$，$P_2$…——混纺纱中第一种、第二种……纤维的干重混纺比。

## 三、新型纱线

### （一）变形纱

变形纱也叫变形丝，是用伸直的合成纤维长丝加工制成的具有卷曲形态的长丝纱。这种变形加工大大提高了合纤长丝的服用性能和应用范围。

#### 1. 弹力丝

弹力丝以弹性为主，同时具有一定的蓬松性。

**(1) 高弹丝** 具有优良的弹性变形和回复能力，伸长率大于100%，多用锦纶丝制成。主要用于弹力织物，如弹力衫裤、弹力袜、弹力游泳衣等。

**(2) 低弹丝** 具有适度的弹性和蓬松性，一般伸长率小于50%。如涤纶低弹丝，广泛用于各种仿毛、仿丝、仿麻的针织物和机织物；锦纶和丙纶低弹丝多用于家具织物和地毯。

弹力丝的主要加工方法是假捻法，其工艺过程为假捻、热定形、退捻三部分。假捻器施予丝条假捻，上下两段的捻向相反；丝条向下移动，出假捻器后捻度退去，在假捻器上段对丝条进行加热定形，使带有强捻的丝条消除扭曲应力，固定加捻变形；丝条出假捻器后，捻度虽然退去，但纤维的螺旋卷曲状保存下来，成为弹性大而蓬松的高弹丝。加工低弹丝则需要再次热定形，在超喂条件下进行两次热定形，纤维分子的内应力得到部分消除，减少了纤维的卷曲，得到弹性较低而稳定性好的低弹丝。

#### 2. 网络丝

网络丝是一种特殊的空气变形丝。丝条具有网络点，改善了合纤长丝的极光效应和蜡状感，织造时省掉并丝、并捻、上浆工序，其织物有毛型感。将稍有捻度的长丝束喂入高压喷气头，由于射流的冲击作用，使丝束中的纤维紊乱，生成大小不同的环圈，被丝束捻回夹持于丝束中，得到空气变形纱。露在丝束表面的小环圈酷似短纤纱的毛羽。丝条在垂直气流的撞击下，分散成单丝，按一定间距交络缠结，成为网络丝。

#### 3. 膨体纱

膨体纱是高度蓬松、同时有一定弹性的化纤纱，多采用腈纶为原料，用于针织外衣、内衣、绒线和毛毯等。

膨体纱的制作方法是组合纱法。将两种不同收缩率的腈纶纤维纺成纱，放在蒸汽、热空气或沸水中，高收缩腈纶遇热收缩，将低收缩纤维拉弯，整根纱线因此呈蓬松状。

## （二）自由端纱

### 1. 转杯纱(或气流纱)

转杯纱是利用转杯内的负压气流输送纤维和转杯的高速回转凝聚纤维，再加捻制成的纱。适纺 18～100 tex 的纯棉纱、毛纱、麻纱或与化纤的混纺纱。转杯纱可织制灯芯绒、牛仔布、劳动布、卡其、粗平布、线毯、浴巾、针织起绒布和装饰用布等。

转杯纱由于喂入纤维是随机的，部分纤维不能捻入主体，故转杯纱结构为芯纱和外包纤维两部分。纱芯结构紧密，近似环锭纱；外包纤维结构松散，无规则地缠绕在纱芯外面，内外层捻度不一。

### 2. 静电纱

静电纱是利用高压静电场使纤维极化，凝聚成须条，再由高速运转的空心管加捻制成，即静电纺制成的纱。适纺 13～60 tex 的纯棉纱和棉/毛、棉/麻混纺纱。静电纱可织制府绸、卡其、被单、线毯、袜子等。

静电纺纱的纱尾为圆锥形，成纱为内外分层结构，外层捻度多，内层捻度少。

## （三）包芯纱

以长丝为芯、短纤维为皮的包缠结构的纱，称为包芯纱。

### 1. 包芯纱的种类

**(1) 环锭包芯纱** 在环锭细纱机上，喂入粗纱的同时，向前罗拉喂入化纤长丝，两者汇合后加捻，得到包芯纱。

**(2) 转杯包芯纱** 转杯纺纱时，将长丝从杯底轴心处喂入，抽出得到假捻，短纤维包在长丝上，形成包芯纱。

### 2. 包芯纱的特点与用途

包芯纱具有长丝和短纤纱的双重特性。长丝是构成单纱强力的主要部分，短纤维包缠在外围，使成纱具有短纤纱的风格特征。

常见的纱芯有涤纶丝、锦纶丝和氨纶丝等长丝，外包纤维常用棉、涤/棉、腈纶、羊毛等。包芯纱主要用作缝纫线、衬衫面料、烂花织物和弹力织物等。

缝纫线包芯纱多用高强涤纶丝为纱芯，外包棉纤维。芯纱提供强力和弹性，外包纤维可提高其对针眼摩擦高温及热定形温度的耐受能力。

衬衫面料常用涤/棉包芯纱，含棉量较高，使面料既挺括，又具有吸湿、透气、无静电、穿着舒适等特性。

以氨纶为纱芯，以棉、涤/棉、涤纶或腈纶等为外包纤维制成的包芯纱，可织制弹力织物，用作游泳衣、滑雪衣、牛仔服等。

## 四、纱线细度和细度不匀

### （一）纱线的细度

纱线细度是描述纱线粗细程度的指标。纱线细度决定着织物的品种、风格、用途和物理机械性能。

**1. 纱线的细度指标及换算**

**(1) 以特克斯为单位** 目前我国棉纱线、棉型化纤纱线和中长化纤纱线的细度规定采用特克斯为单位。采用绞纱称重法，绞纱周长为 1 m，每缕 100 圈，每批纱线取样后摇 30 绞，烘干后称总重量，将总重量除以 30，得每绞纱的平均干重。根据下式可求得所测纱线的细度。

$$N_t = 10G_0 \times \frac{100 + W_k}{100} \quad (2\text{-}8)$$

式中：$N_t$——纱线的细度(tex)；

$G_0$——绞纱平均干重(g)；

$W_k$——纱线的公定回潮率(%)。

以特克斯为单位时，常见纱线的公定回潮率见表 2-1。

**表 2-1 常见纱线的公定回潮率**

| 纱线类别 | 公定回潮率 | 纱线类别 | 公定回潮率 |
|---|---|---|---|
| 纯棉 | 8.5 | 涤/棉 65/35 | 3.2 |
| 纯涤纶 | 0.4 | 涤/棉 50/50 | 4.5 |
| 纯维纶 | 5.0 | 涤/黏 65/35 | 4.8 |
| 纯腈纶 | 2.0 | 涤/黏 50/50 | 6.7 |
| 纯锦纶 | 4.5 | 涤/腈 50/50 | 1.2 |
| 纯黏纤 | 13.0 | 棉/维 50/50 | 6.8 |
| 纯富纤 | 13.0 | 棉/腈 50/50 | 5.3 |
| 纯醋纤 | 7.0 | 棉/丙 50/50 | 4.3 |

混纺纱的公定回潮率按混纺组分的纯纺纱的公定回潮率和混纺比进行加权平均计算，前面已介绍。

**(2) 纱线直径** 纱线直径是进行织物设计和确定编织工艺的重要依据之一。但由于纱线有毛羽，且在小张力下易变形，直接测量纱线直径的误差很大，因而一般由细度换算而得。假设纱线为圆柱体，其长度为 $L$(mm)，重量为 $G$(mm)，截面积为 $S$($mm^2$)，直径为 $d$(mm)，密度为 $\delta$($mg/mm^3$)，则：

$$G = S \times L \times \delta = \frac{\pi d^2}{4} \times L \times \delta \quad (2\text{-}9)$$

$$d = \sqrt{\frac{4G}{\pi \delta L}}$$

纱线的直径 $d$ 与密度 $\delta$、纱线的细度之间的关系为：

$$d = 0.035\,68\sqrt{\frac{N_t}{\delta}} \tag{2-10}$$

纱线的密度 $\delta$ 随纤维的种类、性质及纱线的捻系数而不同，参见表 2-2。

**表 2-2　常用纱线的密度**

| 纱线种类 | 密度(mg/mm³) | 纱线种类 | 密度(mg/mm³) |
|---|---|---|---|
| 棉纱 | 0.8～0.9 | 生丝 | 0.9～0.95 |
| 精梳毛纱 | 0.75～0.81 | 涤/棉(65/35) | 0.85～0.95 |
| 粗梳毛纱 | 0.65～0.72 | 维/棉(50/50) | 0.74～0.76 |
| 绢纺纱 | 0.73～0.78 | — | — |

**(3) 以英制支数为单位**　在公定回潮率时，一磅重的纱线所具有的长度绞数(每绞 840 yd)，为英制支数。

$$N_e = \frac{L_e}{840G_k'} \tag{2-11}$$

式中：$N_e$——英制支数；

$L_e$——纱线的长度(yd)；

$G_k$——纱线的公定重量(lb)。

我国规定，纯棉纱的英制公定回潮率为 9.89%，则英制支数值与特克斯值的换算式为：

$$N_e = 590.5 \times \frac{100 + 8.5}{100 + 9.89} \times \frac{1}{N_t} = \frac{583}{N_t}$$

对于纯化纤纱，英制、公制的回潮率相同，则

$$N_e = \frac{590.5}{N_t}$$

**2. 质量偏差**

纱线名义上的特数叫公称特数，纺纱工艺中设计的特数叫设计特数，采用抽样试验方法由管纱(筒子纱)测得的特数叫实际特数。单纱最后的实际特数必须与设计特数相接近。

纱线实际特数和设计特数的偏差百分率称为重量偏差，或特数偏差，可用 $\Delta N_t$(%)表示。实际测定时的计算式为：

$$\Delta N_t(\%) = \frac{G_1 - G_2}{G_2} \times 100 \tag{2-12}$$

式中：$G_1$——试样实际干燥重量(g/100 m)；

$G_2$——试样设计干燥重量(g/100 m)。

重量偏差是评价纱线品质的指标之一。在纱线的品质标准中，重量偏差被规定允许有一定的范围。重量偏差超出这个范围，说明该批纱线偏粗或偏细。纱线偏粗，长度较短，会影响织物产量；偏细，会影响织物厚度、面密度和坚牢度。重量偏差大时，纱线品等要降等。

## （二）纱线细度不匀

纱线的细度不匀指沿纱线长度方向的粗细不匀。它不仅会使纱线强力下降，在加工中增加断头和停台，而且影响织物外观，降低其耐穿或耐用性。所以，细度不匀是评定纱线质量的重要指标。

### 1. 纱线细度不均匀率指标

纱线细度不匀是由其断面内的纤维根数、截面积或一定长度的片段重量形成的分布，可以用数理统计中离散性的特征数来描述。因此，不匀率指标有三种。

**(1) 平均差系数 $H$**

平均差

$$d=\frac{\sum_{i=1}^{N}(x_i-\bar{x})}{N} \tag{2-13}$$

平均差系数

$$H(\%)=\frac{d}{\bar{x}}\times 100=\frac{\sum_{i=1}^{N}(x_i-\bar{x})}{N\cdot\bar{x}}\times 100 \tag{2-14}$$

式中：$x_i$——各个测试数据值；

$\bar{x}$——测试数据的平均值；

$N$——测试数据的个数。

生产中常使用平均差系数的简便计算公式：

$$H(\%)=\frac{2(\bar{x}-x_{下})\times n_{下}}{N\cdot\bar{x}}\times 100 \tag{2-15}$$

式中：$\bar{x}_{下}$——平均值 $\bar{x}$ 以下的测试数据的平均值；

$n_{下}$——平均值 $\bar{x}$ 以下的测试数据的个数。

**(2) 变异系数 $C$**　指均方差对平均值的百分比。均方差是指各数据与平均值之差的平方的平均值之平方根，其计算公式如下：

$$\sigma=\sqrt{\frac{\sum_{i=1}^{N}(x_i-\bar{x})^2}{N}} \tag{2-16}$$

$$C(\%)=\frac{\sigma}{\bar{x}}\times 100=\frac{\sqrt{\frac{\sum_{i=1}^{N}(x_i-\bar{x})^2}{N}}}{\bar{x}}\times 100 \tag{2-17}$$

当测试数据个数较少(小于50)时,$\sigma$ 的计算应采用下式:

$$\sigma=\sqrt{\frac{\sum_{i=1}^{N}(x_i-\bar{x})^2}{N-1}} \tag{2-18}$$

**(3) 极差系数** 指数据中最大值与最小值之差(即极差)对平均值的百分比,其计算式如下:

极差 $$R=x_{\max}-x_{\min}$$

极差系数 $$m(\%)=\frac{R}{\bar{x}}\times 100=\frac{x_{\max}-x_{\min}}{\bar{x}}\times 100 \tag{2-19}$$

式中:$x_{\max}$——测试数据中的最大值;

$x_{\min}$——测试数据中的最小值。

以上三种指标中,广泛采用均方差和变异系数,因为用其度量纱条细度不匀最准确。一般用电容式条干均匀度仪来检测纱条细度不匀,常用 CV%值表示。生产中常用平均差系数来表示纱条的长片段不匀率(即百米质量变异系数 U%),一般用萨氏条干仪测定。

**2. 纱条不匀的起因**

造成纱条不匀的原因主要有两个方面:一是纤维在纱条中随机分布产生的不匀;二是纺纱过程中工艺和机械因素产生的附加不匀。

纤维随机分布产生的不匀是不可避免的极限不匀。根据近代短纤维纺纱的工艺原理,即使在理想的条件下纺纱,也不可能纺出完全均匀的纱条。因为即使使纤维沿长度方向完全伸直随机排列,纱条截面内的纤维根数的分布仍为泊松分布,仍存在分布的离散性,纱条具有最低的不匀率。

工艺和机械因素产生的附加不匀,从纺纱开始时就发生,并随每道工序、每台设备继续发生,而且每个不匀一经发生就不会完全消失,因而最终的纱条上叠加了不同波长的多种不匀。

通过罗拉牵伸机构纺出的纱条,其附加不匀主要有牵伸波、机械波以及偶发性不匀。牵伸波由工艺因素引起,是牵伸过程中对浮游纤维控制不良而产生的非周期性的粗细节;机械波是指由于牵伸部分的机械故障,如罗拉钳口位置摆动或罗拉速度变化而产生的周期性的粗细节;偶发性不匀主要由于挡车工操作看管不当而形成。

## 五、常用纱线的代号和表示方法

原料种类或产品种类的代号标在纱线细度(特数)的前面,产品的用途代号标在纱线细度(特数)的后面。例:精梳 10 tex 针织用纱用“J10K”表示。

## (一) 代号(见表 2-3)

表 2-3 常用纱线的代号

| | | | |
|---|---|---|---|
| 经纱、线 | T | 纬纱、线 | W |
| 绞纱、线 | R | 筒子纱、线 | D |
| 精梳纱、线 | J | 针织用纱、线 | K |
| 精梳针织用纱、线 | JK | 起绒用纱 | Q |
| 烧毛纱、线 | G | 无光黏胶纱、线 | RD |
| 有光黏胶纱、线 | RB | 涤/棉混纺纱 | T/C |
| 棉/维混纺纱 | C/V | 经过电子清纱器 | E |
| 涤/黏混纺纱 | T/R | 气流纺纱 | OE |
| 纯棉纱 | C | | |

## (二) 表示方法

**(1) 单纱** 数字+单位，例如 14.5 tex、$40^S$、150 D、32 $N_m$、21 tex($28^S$)棉纱。

**(2) 股线(或复合丝)(分单纱细度相同或不同)**

① 以特克斯为单位

相同：单纱公称特数值×股数，例如 14.5×2，表示由 2 根 14.5 tex 的单纱加捻而成的股线。

不同：单纱不同特数值相加，例如 16 tex+18 tex，表示由 1 根 16 tex 和 1 根 18 tex 的单纱加捻而成的股线。

② 以公制支数为单位

相同：单纱公制支数/股数，例如 32 $N_m$/3，表示由 3 根 32 公支的单纱加捻而成的股线。

不同：单纱不同公制支数并列，用"/"相隔，例如 32/26/27，表示由公制支数分别为 32、26、27 的单纱加捻而成的股线。

③ 以英制支数为单位

相同：单纱英制支数/股数，表示 $40^S$/2，表示由 2 根 $40^S$ 的单纱加捻而成的股线。

不同：单纱不同英制支数并列，用"/"相隔，例如 $32^S$/$26^S$，表示由英制支数分别为 32、26 的两根单纱加捻而成的股线。

④ 以旦尼尔为单位　主要用于表示蚕丝和化纤的细度。

蚕丝复合丝：常用"股数/$D_1$/$D_2$"表示，例如 2/20/22D，表示 2 根 20～22D 的蚕丝并合而成的复合丝。

化纤复丝：常用"D/根数"表示，例如 120D/30F，表示由 30 根单丝并合成细度为 120 D 的复合化纤丝。

**(3) 花式纱线**　芯线)饰纱)加固纱，例如 21 tex×2 棉纱)21 tex 棉纱)70 D 涤纶长丝，表示用单纱为 21 tex 的棉双股线为芯线、21 tex 棉单纱为饰纱、70D 涤纶长丝为加固纱的花式线。

## 技能训练与能力拓展

**1. 求涤/棉(65/35)混纺纱的公定回潮率。**

$$W_k = \frac{65 \times 0.4 + 35 \times 8.5}{100} = 3.24\%, \quad 取 W_k = 3.2\%$$

**2. 以 45D 涤纶丝与棉纤维混纺，其混纺比为 50:50。如果捻缩为 5%，试求以特克斯和英制支数为单位的成纱细度。棉纱的公制公定回潮率为 8.5%(英制 9.89%)，涤纶的公定回潮率为 0.4%。如果用同样细度的毛束替代棉束，判定成纱的直径变粗还是变细，给出理由，并计算成纱的直径(该纱的密度 $\delta_y$=0.75 g/cm³)和成纱的公定回潮率(粗梳毛纱的公定回潮率为 16%)。**

$$棉的细度 = \frac{45(1 + W_{k棉})}{1 + W_{k涤}} = \frac{45(1 + 8.5\%)}{1 + 0.4\%} = 49\ (D)$$

$$纱线的细度(考虑捻缩) = (45 + 49) \times \frac{1}{1 - \mu} = 94 \times \frac{1}{1 - 5\%} = 99\ (D) = 11\ (tex)$$

混纺纱线的公定回潮率为：

公制 $W_k = 50\% \times 8.5\% + 50\% \times 0.4\% = 4.45\%$

英制 $W_e = 50\% \times 9.89\% + 50\% \times 0.4\% = 5.145\%$

$$N_e = \frac{1 + W_k}{1 + W_e} \times \frac{590.5}{N_t} = \frac{1 + 4.45\%}{1 + 5.145\%} \times \frac{590.5}{11} = 53.33(英支)$$

替换后，直径变粗；原因：毛纱的密度小于棉纱，替换后，混纺纱的密度变小，根据公式 $d = 0.01189\sqrt{\frac{N_D}{\delta_y}}$，在 $N_D$ 不变的情况下，$\delta_y$ 变小，$d$ 变大

$$d = 0.01189\sqrt{\frac{N_D}{\delta_y}} = 0.01189\sqrt{\frac{99}{0.75}} = 0.14\ (mm)$$

$W_k = 50\% \times 16\% + 50\% \times 0.4\% = 8.2\%$

**3. 比较纱线强度与强力的异同。**

两者都是表示纱线抗拉程度的指标，但强力没有考虑纱线的细度，不能用来比较不同直径的纱线的抗拉程度；而强度是单位细度的纱线的强力，所以可以用来比较不同直径的纱线的抗拉程度。

**4. 比较纱线捻度与捻系数的异同。**

捻度和捻系数都是表示纱线加捻程度的指标，但捻度没有考虑纱线的细度，不能用来比较不同直径的纱线的加捻程度，而捻系数同时考虑了纱线的细度和纱线的捻度，所以可以用来比

较不同直径的纱线的加捻程度。

**5. 试分析加捻影响纱线的哪些性质，具体如何影响？**

（1）对纱线长度的影响（单纱捻系数增加，捻缩率增加）
（2）对密度与直径的影响（在一定范围内随捻系数增加，密度增加，直径变小）
（3）对纱线强度的影响（在临界捻系数范围内随捻系数增加，强度增大）
（4）对纱线断裂伸长率的影响（在一定范围内随捻系数增加，断裂伸长率增大）
（5）对光泽手感的影响（在一定范围内随捻系数增加，光泽变暗，手感变硬）

**6. 细纱的捻度和捻向对纱线的强伸度、光泽、手感以及对织物的风格有何影响？**

细纱的断裂伸长在一定的捻度范围内随捻度的增加而增加，弹性也增加，但达到临界值后，弹性下降。捻度大时，捻回角也大，光线向侧面反射，光泽差；反之光泽好。捻度大时，纤维间压力大，纱的紧密度增加，手感硬；反之手感柔软。但捻度过大时，纱易发毛，手感松软，光泽不良。

织物中若经纬向的捻向相同，则在经纬纱交错处，纤维的倾斜方向一致，彼此容易吻合而密贴，使织物具有紧密的外观及触感，但织物表面由于经纬纱的纤维排列彼此相反，易引起光线的乱反射而减弱光泽，因而纹路不明显；反之，则结果相反。另外，由于纤维倾向不同而引起的反光方向不同，使织物表面呈现明暗反映，例如经纱采用Z捻与S捻间隔排列时，可以织出隐条闪光效应的织物。对于高密度的府绸类织物，因经纱浮于织物表面，其捻系数应适当小些，而纬纱捻系数应适当大些，以增加纬纱的刚度，使经纱易于凸起而形成颗粒状。对麻纱类织物，经纱捻度应大些，可使织物具有滑爽感。针织物用纱的捻度应比机织用纱小。

**7. 试分析纱线粗细不匀的主要因素、测量细度不匀的主要方法及表示指标。**

纱线粗细不匀的主要因素：（1）纤维根数在纱线截面内的随机波动；（2）纱条中纤维的集结与纠缠；（3）浮游纤维分布的随机性；（4）纺纱机械缺陷造成的周期性不匀。

测量方法：(1)黑(白)板条干检验法；(2)测长称重法；(3)电容式条干均匀度仪检验法。

表示指标：(1)平均差系数；(2)变异系数；(3)极差系数。

**8. 说明纱线捻系数与强力之间的关系，分析其原因。**

小于临界捻系数时，纱线强力随捻系数增加而增加；大于临界捻系数时，纱线强力随捻系数增加而减小。

加捻对纱线强力既有利也不利。有利的是纤维间摩擦力增加，细的部位捻度大，强力不匀得以改善；不利的是纤维的预应力增加，纤维承受轴向拉伸的能力减小。

**9. 简述纤维的性状与纺纱工艺类型的关系。**

纤维的性状和纺纱方法对纱线的性能起决定性的作用。环锭纱在加捻过程中，由于纤维产生转移，从纱线内层到外层，再从外层到内层，多次反复转移，纤维围绕纱的轴芯呈螺旋状，螺旋半径沿轴向交替增大或减小。这时，长度长的纤维较多地趋向纱的轴芯，长度短的纤维较多地趋向纱的外层；细度细的纤维趋向纱的轴芯，细度粗的纤维趋向纱的外层；初始模量较小的纤维较多地位于外层，初始模量大的纤维较多地位于内层。合理选用不同性状的纤维，能够纺成不同风格的纱线，适应不同织物用途或改善服用性能。由于化纤可以任意选择长度、细度和纤维截面形状，外衣织物宜选用纤维稍粗、长度稍短的化纤与棉混纺，以增加成纱表面的毛型感；内衣织物宜选用纤维稍细、长度稍长的化纤，使棉纤维在纱线的外层，以改善吸湿性能和穿着舒适感。

自由端纺纱包括气流纺、静电纺、涡流纺等纺成的纱，因加捻时纤维向内转移少，纱芯与外层相比，内紧外松，结构较松散，纤维伸直度差，纤维间抱合力差，成纱强力低，但染色性和耐磨性能好。自捻纺纱纺成的纱又称自捻纱，是利用搓捻辊对须条产生周期性的正反向假捻，成纱上出现周期性的无捻点，因而强力较低，一般合股成股线后再织造。

**10. 简述花色线、花式线及其用途。**

(1) 花色线：花色线是指按一定比例将彩色纤维混入基纱的纤维中，使纱身呈现鲜明的长短或大小不一的彩段、彩点的纱线，如彩点线、彩虹线等。这种纱线多用于女装和男夹克衫。

(2) 花式线：花式线是利用超喂原理得到的具有各种外观特征的纱线，如圈圈线、竹节线、螺旋线、结子线等。此类纱线织成的织物手感蓬松、柔软，保暖性好，且外观风格别致，立体感强，既可用于轻薄的夏季织物，又可用于厚重的冬季织物，既可作衣着面料，又可作装饰材料。

(3) 特殊花式线：特殊花式线主要指金银丝、雪尼尔线等。金银丝主要指将铝片夹在涤纶薄膜片之间或蒸着在涤纶薄膜上得到的金银线，它既可用于织物，也可用作装饰用缝纫线，使织物表面光泽明亮。雪尼尔线是一种特制的花式纱线，即将纤维握持于合股的芯纱上，状如瓶刷，其手感柔软，广泛用于植绒织物和穗饰织物。

**11. 简述雪尼尔纱的特征。**

雪尼尔纱的芯线是以腈纶纱为原料加捻而成，羽纱是以黏胶纱为原料切割成短羽而成，通过绳绒机加工成“黏/腈”雪尼尔产品。按照市场习惯，雪尼尔纱线分为：粗号 500～286 tex、中号 250～182 tex 以及细号 167～143 tex 雪尼尔。雪尼尔纱的芯线的捻度不宜太高，捻系数一般选 350～360；捻向为 Z 捻，这样从单纱到雪尼尔的捻向变化为“Z→Z→S”；雪尼尔的捻度为 60～64 捻/10 cm。这种工艺设置使雪尼尔有较好的悬垂性能，纱条为圆形。如果芯线采用 S 捻，则自捻现象明显；而用单纱作芯纱时，则纱条呈扁圆形，外观不够丰满。

**12. 简述膨体纱和包芯纱的特征。**

膨体纱是先由两种不同收缩率的纤维混纺成纱线，然后将纱线放在蒸汽或热空气或沸水中处理，此时，收缩率高的纤维产生较大收缩，位于纱的中心，而混在一起的低收缩纤维，由于收缩小而被挤压在纱线的表面形成圈形，从而得到蓬松、丰满、富有弹性的膨体纱。

包芯纱一般以强力和弹力都较好的合成纤维长丝为芯丝，外包棉、毛、黏胶等短纤维，再一起加捻纺制而成。包芯纱兼有长丝芯纱和外包短纤维的优良性能。比较常见的包芯纱有涤/棉包芯纱，以涤纶长丝为芯纱，外包棉纤维；还有氨纶包芯纱，以氨纶长丝为芯纱，外包其他纤维，由这种包芯纱制成的针织物或牛仔裤料，穿着时伸缩自如，舒适合体。

**13. 市场上的常规涤纶变形长丝有哪些品种？**

(1) 初生丝：未拉伸丝（常规纺丝）(UDY)、半预取向丝（中速纺丝）(MOY)、预取向丝（高速纺丝）(POY)、高取向丝（超高速纺丝）(HOY)。

(2) 拉伸丝：拉伸丝（低速拉伸丝）(DY)、全拉伸丝（纺丝拉伸一步法）(FDY)、全取丝（纺丝一步法）(FOY)

(3) 变形丝：常规变形丝(DY)、拉伸变形丝(DTY)、空气变形丝(ATY)。

**14. 解释 POY，DTY 和 FDY。**

POY：即 Preoriented Yarn /Partially Oriented Yarn（预取向丝）。当高速纺丝的速度为 3 000～ 3 600 m/min，可制得预取向丝。在高卷绕速度下，纤维产生一定的取向度，结构比较稳定。

DTY：即 Drawn Texturing Yarn（拉伸变形丝），也称为涤纶低弹丝，是在一台机器上进行连续或同时拉伸、变形加工后的成品丝。

FDY：即 Fully Drawn Yarn（全拉伸丝）。与生产过程无关，但现在广为流传，将它作为纺丝拉伸一步法工艺的代号。可采用低速纺丝、高速拉伸卷绕，两道工序在一台纺丝拉伸联合机上完成。此生产线生产成本低，且成品质量稳定，毛丝断头少，染色均匀性好。

DTY 纤维为卷曲状，POY 和 FDY 纤维平直，而 FDY 的强力较高，POY 的强力较低。

**15. 解释网络丝及其衡量网络丝的质量指标。**

网络丝：指丝条在网络喷嘴中，经喷射气流作用，单丝互相缠结而呈现周期性网络点的长丝。

网络加工多用于 POY、FDY 和 DTY。网络技术与 DTY 技术结合制造的低弹网络丝，既有变形丝的蓬松性和良好的弹性，又有周期性的网络点，提高了长丝的紧密度，省去了纺织加工的若干工序，并能改善丝束通过喷水织机的能力。

衡量网络丝的质量指标主要有网络数（度）和网络牢度（也称交络牢度）。网络数是指每米丝条上网络结的个数。网络数（度）越高，丝束抱合性越好，如用于丝绸和薄型花呢需 50～80 个/m，厚型毛织物需 100～200 个/m，麻织物多于 200 个/m。网络牢度是指网络结在一定张力作用下不解体的能力。网络牢度越好，网络丝的后加工性越好。但是从织物外观考虑，网络牢度过大，织物上残留的网络结较多，织物硬挺，弹性不良；网络牢度过小，在织造的各道工序中易出现断头、起毛起球现象，造成织物疵点增多，生产效率降低。

**16. 说明 DTY 网络丝、重网丝、轻网丝的区别。**

DTY 网络丝是用 DTY 丝经网络喷嘴在压缩空气的作用下加工而成，在改进 DTY 丝的极光效应和蜡状（树脂）感方面有较好的效果，并给 DTY 丝带来某些独特风格。根据目前市场情况，按网络度和网络牢度的不同有弱网络丝、轻网络丝、中网络丝和重网络丝之分。一般情况下，各种性能的网络丝均由相应类型的网络喷嘴生产，以达到最佳效果，即轻网络丝由轻网络喷嘴生产、重网络丝由重网络喷嘴生产。

重网与轻网是指网络数的多与少。网络数的多少一般通过调节压空来控制，也和加弹机速度、网络喷嘴前后的牵伸倍率有关。网络数过多(重网过度)可能会导致面料表面有网络斑，网络数过少(轻网过度)则导致在织造或织造准备过程中网络点在张力作用下易松散起毛。

**17. 网络纱与普通长丝纱相比，具有什么优点?**

丝间获得较好的抱合，有利于提高丝束的强力；减少长丝所引起的勾丝；改善起毛现象；减少静电的产生；改善长丝的表面结构；减少长丝对张力的敏感性；提高耐磨性。

# 实训项目三

# 机织物及其设计

## 实训目标

**实训任务**

通过实习，熟悉机织物的基本结构特征、性能及其测试方法，能够根据不同的织物要求进行机织物规格、组织设计。

**知识目标**

1. 熟悉机织物的基本结构特征、性能及其测试方法；
2. 熟练掌握机织物组织结构。

**能力目标**

1. 能够对机织物的基本结构特征进行识别，对机织物的性能进行测试；
2. 能够根据不同的织物要求进行机织物规格、组织设计。

## 知识梳理

### 一、机织物的总体认识

#### （一）机织物的度量

织物有四个度量指标，即长度、宽度、厚度与重量。

**1. 长度**

织物的长度一般指匹长。匹长是指一匹织物纵向两端完整的纬纱之间的距离，用 $L$ 表示，单位为“米(m)”。棉织物的匹长约为 25～40 m；毛织物的匹长，一般大匹为 60～70 m，小匹为 30～40 m。工厂中常将几匹织物联成一段，称为“联匹”。厚重织物 2 联匹，中厚织物采用3～4 联匹，薄织物采用 4～5 联匹。

**2. 宽度**

织物的宽度是指织物横向的最大尺寸，称为幅宽。部分棉型织物的幅宽以英寸为单位，其他织物一般以厘米(cm)为单位，保留小数点后一位。棉织物的幅宽分为中幅及宽幅两类，中幅一般为 81.5～106.5 cm，宽幅一般为 127～167.5 cm。粗纺呢绒的幅宽一般为 143、145 或 150 cm，精纺呢绒的幅宽为 144 或 149 cm。

**3. 厚度**

指织物在一定压力下正反两面间的垂直距离，以“毫米(mm)”为计量单位。织物按厚度不同可分为薄型、中厚型和厚型三类，各类棉和毛织物的厚度见表 3-1。

表 3-1　各类棉和毛织物的厚度(mm)

| 织物类别 | 棉织物 | 毛织物 | | 丝织物 |
|---|---|---|---|---|
| | | 精梳毛织物 | 粗梳毛织物 | |
| 薄　型 | 0.25 以下 | 0.40 以下 | 1.10 以下 | 0.08 以下 |
| 中厚型 | 0.25～0.40 | 0.40～0.60 | 1.10～1.60 | 0.08～0.28 |
| 厚　型 | 0.40 以上 | 0.60 以上 | 1.60 以上 | 0.28 以上 |

影响织物厚度的主要因素为经纬纱线的线密度、织物组织和纱线在织物中的弯曲程度等。假定纱线为圆柱体且无变形，当经纬纱直径 $d$ 相等时，在简单组织的织物中，织物的厚度可在 $2d$～$3d$范围内变化。纱线在织物中的弯曲程度越大，织物越厚。

**4. 重量**

织物的重量通常以每平方米织物所具有的克数来表示，即面密度。它与纱线的线密度和织物密度等因素有关。它是织物的一项重要的规格指标，也是计算织物成本的重要依据。

棉织物的面密度常以退浆干重表示，一般为 70～250 g/m²。

毛织物的面密度则采用公定面密度，计算公式为：

$$G_k = \frac{10^2 G_0 (100 + W_k)}{L \times B}$$

式中：$G_k$——试样的公定面密度(g/m²)；

$G_0$——试样干重(g)；

$L$——试样长度(cm)；

$B$——试样宽度(cm)；

$W_k$——试样的公定回潮率(%)。

精梳毛织物的公定面密度一般为 130～350 g/m²，粗梳毛织物的公定面密度一般为 300～600 g/m²。

## (二) 织物的密度与紧度

**1. 织物密度**

织物密度是指织物中经向或纬向单位长度内的纱线根数，用 $M$ 表示，有经密和纬密之分。经密又称经纱密度，是织物中沿纬向单位长度内的经纱根数；纬密的定义类似。经密和纬密都以“根/10 cm”为单位。习惯上将经密和纬密自左向右连写成“$M_T \times M_W$”，如 236×220 表示织物经密是 236 根/10 cm、纬密是 220 根/10 cm。

如需同时表示织物经纬纱线密度和经纬密，可自左向右联写成如下格式：

$$N_{tT} \times N_{tW} \times M_T \times M_W$$

大多数织物中，经纬密配置采用经密大于或等于纬密。

织物经纬密度的大小对织物的使用性能和外观风格的影响很大。显然，经纬密度大，织物就紧密、厚实、硬挺、坚牢、耐磨；密度小，织物就稀薄、松软、透气。同时，经纬密度的比值也会造成织物性能与风格的显著差异，如平布与府绸和哔叽、华达呢与卡其等。

经纬密只能用来比较相同组织、由相同直径的纱线织成的不同密度的织物的紧密程度。当纱线的直径不同时，就没有可比性。

**2. 织物紧度**

织物紧度又称覆盖系数，是指纱线的投影面积对织物面积的比值，用 $E$ 表示。有经向紧度和纬向紧度之分。根据定义可得经纬向紧度的计算式：

$$E_T(\%) = \frac{d_T}{a} \times 100 = \frac{\frac{d_T}{100}}{M_T} \times 100 = d_T M_T \tag{3-1}$$

$$E_W(\%) = \frac{d_W}{b} \times 100 = \frac{\frac{d_W}{100}}{M_W} \times 100 = d_W M_W \tag{3-2}$$

式中：$E_T$ 和 $E_W$——经向和纬向紧度；

$d_T$ 和 $d_W$——经纱和纬纱直径(mm)；

$a$ 和 $b$——相邻两根纱线的中心距(mm)；

$M_T$ 和 $M_W$——经密和纬密(根/10 cm)。

织物的总紧度 $E(\%) = E_T + E_W - \frac{E_T \times E_W}{100}$

考虑到纱线直径与纱线细度之间的关系 $d = C \times \sqrt{N_t}$，则

$$E_T = CM_T\sqrt{N_{tT}} \qquad E_W = CM_W\sqrt{N_{tW}}$$

几种纱线的直径系数见表 3-2。

**表 3-2 纱线的直径系数**

| 纱线类别 | 直径系数 $C$ | 纱线类别 | 直径系数 $C$ | 纱线类别 | 直径系数 $C$ |
|---|---|---|---|---|---|
| 棉纱 | 0.037 | 苎麻纱 | 0.038 | 涤/黏(65/35)纱 | 0.039 |
| 精梳毛纱 | 0.040 | 丝 | 0.037 | 涤/腈(50/50)纱 | 0.041 |
| 粗梳毛纱 | 0.043 | 涤/棉(65/35)纱 | 0.039 | 毛/黏(65/35)粗纺纱 | 0.041 |

各种织物，即使原料、组织相同，如果紧度不同，也会引起使用性能与外观风格的不同。试验表明，经纬向紧度过大的织物其刚性增大，抗折皱性下降，耐平磨性增加，而耐折磨性降低，手感板硬；紧度过小，则织物过于稀松，缺乏身骨。

另外，经向紧度、纬向紧度和总紧度三者之间存在一定的制约关系。在总紧度一定的条件下，当经向紧度与纬向紧度比为1时，织物显得最紧密，刚性最大；当二者比例大于1或小于1时，织物较柔软，悬垂性好。

## 二、织物性能与测试

### (一) 织物的力学性质

织物在使用过程中受力破坏的最基本形式是拉伸断裂、撕裂和顶裂。因此，织物的拉伸断裂、撕裂和顶裂是织物重要的机械性质。它们不仅关系到织物的耐用性，而且与织物的装饰美学性的关系很密切。织物的力学性质包括拉伸、撕破、弯曲、压缩、摩擦、耐磨等。

#### 1. 织物的拉伸性质

**(1) 织物拉伸试验方法**

① 扯边条样法　将宽6 cm、长30～33 cm的布条扯去边纱成为净宽5 cm的试样条，将其全部夹入强力机的上下夹钳内。

② 抓样法　取规定尺寸的织物试样，仅将其部分宽度夹入测试夹头。

③ 剪切条样法　对于针织物、缩绒织物、非织造布、涂层织物及不易拆边纱的织物，采用剪切条样法，即将剪成规定宽度的布条全部夹入强力机的上下夹头内。

与抓样法比较，扯边条样法所测结果的不匀率小，但试样准备较麻烦；抓样法所测强力和伸长偏高，比较接近实际情况，试样准备快速，但用布较多。

**(2) 织物拉伸性质常用的指标**

① 拉伸强力　指织物受拉伸至断裂时所能承受的最大外力，是评定织物内在质量的主要指标之一。拉伸强力还用来评定织物经磨损后的牢度和日照、洗涤及各种整理对织物内在质量的影响。织物的强力一般采用平均强力$\overline{F}_b$表示：

$$\overline{F}_b = \frac{\sum F_i}{n} \tag{3-3}$$

式中：$\overline{F}_b$——试样断裂强力(N)；

$n$——试样个数。

② 断裂伸长率　试样拉伸到断裂时的伸长长度与其初始长度的百分比称为断裂伸长率。断裂伸长率大的织物，耐用性好。

$$\varepsilon(\%) = \frac{L - L_0}{L_0} \times 100 \tag{3-4}$$

式中：$\varepsilon$——断裂伸长率；

$L$——断裂时的试样长度；

$L_0$——试样初始长度。

根据织物密度、织物中的纱线强力以及纱线的强力利用系数所计算的织物强力，称为织物的计算强力：

$$P_f = \frac{M}{10} \times 5 \times P_y \times K \tag{3-5}$$

式中：$P_f$——织物计算强力(N)；

$M$——织物密度(根/10 cm)；

$P_y$——织物中纱线强力(N)；

$K$——纱线在织物中的强力利用系数(国家标准中有推荐值)。

纱线在织物中的强力利用系数 $K$ 的物理意义是指织物某一方向的断裂强力与该方向各根纱线强力之和的比值。$K$ 可能大于1，也可能小于1。当织物紧度过大、纱线张力不匀和纱线捻度接近临界捻系数时，$K$ 会小于1。

计算强力是织物强力的估计值，可用来作为衡量织物拉伸断裂强力高低的标准。

**(3) 影响织物拉伸性的因素**

① 纤维原料　在织物结构相同的条件下，纤维的强伸性是织物强伸性的决定因素，纤维强伸度大，织物强伸度也大。混纺织物的强伸性同混纺纱的强伸性一样，受混纺比的影响，当混纺的纤维的伸长能力、初始模量接近时，织物强力随强度高的纤维的混纺比增加而增大。

② 纱线影响

· 纱线粗细　由于粗的纱线强力高，所以织物强力大。粗的纱线织成的织物紧度大，纱线间的摩擦阻力大，使织物强力提高。纱线的细度不匀也会影响织物强力，细度不匀率高的纱线会降低织物强力。

· 纱线加捻　纱线的捻度对织物强力的影响与捻度对纱线强力的影响相似，但纱线捻度接近临界捻系数时，织物强力已开始下降。纱线的捻向对织物强力也有影响，经纬纱捻向相反配置与相同配置相比较，前者的织物强力较低。

· 纱线结构　环锭纱织物与转杯纱织物相比较，环锭纱织物具有较高的强力和较低的伸长，因为相同粗细条件下环锭纱的强力高于转杯纱的强力。线织物的强力高于相同粗细的纱织物的强力，这是相同粗细时股线强力高于单纱强力的结果。

③ 织物密度　机织物的经纬密度的改变对织物强力有显著的影响。若纬纱密度保持不变，增加经纱密度时，织物的经向强力增大，纬向强力也有增大的趋势。由于经密增加，承受拉伸的纱线根数增多，经向强力增大；而经密增加使经纱与纬纱的交错次数增加，纬纱的切向摩擦阻力增大，结果使纬向强力也增大。若经密保持不变，纬密增加，织物纬向强力增大而经向强力有减小的趋势。这是由于纬密增加，经纱在织造过程中受反复拉伸的次数增加，经纱承受的摩擦次数增加，使经纱发生了不同程度的疲劳，引起织物经向强力下降。增加经纬向密度，织物强力的提高是有限的。因此对同一品种的织物来说，经纬向密度都有一个极限值，超过这个极限值，纱线经受反复拉伸摩擦而产生疲劳，织造时纱线所受张力大，这些都对织物强力带来不利影响。

④ 织物组织　机织物的组织对织物拉伸性质的影响是：织物在一定长度内的纱线交错次数多、浮线长度短时，则织物的强力和伸长大。因此在其他条件相同时，平纹织物的强力和伸长最大，缎纹织物的强力和伸长最小，斜纹居中。

⑤ 后整理　棉、黏胶纤维织物缺乏弹性，受外力作用后容易起皱、变形。树脂整理可以改善织物的机械性能，增加织物弹性和折皱回复性，减少变形，降低缩水率。但树脂整理后织物伸长能力明显降低，降低程度取决于树脂的浓度。

**(4) 拉伸弹性** 织物在使用过程中受到的是多次反复的拉伸力，而拉伸力往往不大。因此，评定织物的拉伸性质时，织物在小负荷反复作用下的拉伸弹性对织物的耐用性、保形性更具有实际意义。

织物的拉伸弹性可分为定伸长弹性和定负荷弹性两种。定伸长弹性是将试样做定伸长拉伸后，停顿一定时间（如 1 min），去负荷，再停顿一定时间（如 3 min），记录试样的伸长变化，计算定伸长弹性回复率。定负荷弹性是将试样做定负荷拉伸后，去负荷，再停顿一定时间（如 3 min），记录试样的伸长变化，计算定负荷弹性回复率。

纤维弹性大，纱线结构良好且捻度适中，织物的拉伸弹性好。织物的组织点和织物紧度适中，也有利于织物弹性。

## （二）织物的撕破性

织物撕破也称撕裂，指织物边缘受到一集中负荷作用，使织物撕开的现象。衣物在使用过程中被物体勾住，局部纱线受力断裂，使织物形成条形或三角形裂口，也是一种断裂现象，通常发生在军服、篷布、降落伞、吊床、雨伞等织物的使用过程中。撕破性能反映织物经整理后的脆化程度，目前我国对经树脂整理的棉型织物及毛型化纤纯纺或混纺的精梳织物要进行撕破试验。针织物除特殊要求外，一般不进行该测试。

### 1. 测试方法

织物的撕破性目前有三种测试方法。

**(1) 单缝法** 也称舌形法，试样为矩形布条，长度不小于 200 mm，宽 75 mm，在矩形的短边正中处沿纵向剪开一个长 80 mm 的切口，以形成舌形；将两舌片分别夹入强力机的上下夹钳内，试样上的切口对准上下夹钳的中心线，并使上夹钳内的舌片布样正面在后、反面在前，下夹钳内的舌片布样则正面在前、反面在后。

**(2) 梯形法** 试样为 200 mm×50 mm 的矩形，上面有一条虚线，虚线为夹持线，虚线与梯形上底之间的夹角为 15°，在梯形上底中间开一个长 10 mm 的切口，将试样按夹持线夹入上下夹头内，这样上下夹头内的试样为梯形状。试样有切口的一边为紧边，也为有效距离部分；另一边为松弛的皱曲状态。当仪器启动后，下夹头下降，随着负荷的增加，紧边处的纱线首先受拉伸直，切口边沿的第一根纱线变形最大，承担最大外力，与它邻近的纱线也承担部分外力，但随着离开第一根纱线的距离增加而减小。同时，受力纱线的根数与夹持线的倾斜角有关，倾斜角越小，受力的纱线根数越多。当倾斜角为零时，撕破强力等于拉伸强力。我国规定倾斜角为 15°。当第一根纱线受拉伸达到其断裂伸长时即断裂，出现撕破强力的第一个峰值；于是第二根纱线承担最大拉伸力并直到断裂，出现撕破强力的第二个峰值；如此继续，直到织物撕破为止。

梯形法与舌形法不同，舌形法条件下，撕破过程中断裂的是非受拉系统的纱线；而梯形法条件下，断裂的是受拉系统的纱线。因此，两种测试方法无可比性。

**(3) 落锤法** 目前国际上有些国家用落锤法测试织物的撕破性质。落锤法是将一矩形织物试样夹在落锤式撕破强力机的动夹钳与固定夹钳之间，试样中间开一切口，利用扇形锤下落的能量将织物撕破，仪器上的指针指示织物撕破时的受力值。

**2. 织物撕破性质的指标**

描述织物撕破性质的指标有两种。

**(1) 最大撕破强力** 指撕破过程中出现的最大负荷值,用于单缝法和梯形法。

**(2) 五峰平均撕破强力** 指单缝法撕破过程中,在切口后方撕破长度达5 mm后,每隔12 mm分为一个区,五个区的最高负荷值的平均值,即为五峰平均撕破强力,简称平均撕破强力。

我国统一规定:经向撕破是指撕破过程中经纱被拉断的试验;纬向撕破是指撕破过程中纬纱被拉断的试验。用单缝法时,规定经纬向各测5块,以5块试样的平均值表示所测织物的撕破强力;采用梯形法时,规定经纬向各测3块,以3块试样的平均值表示所测织物的撕破强力。

**3. 影响织物撕破强力的因素**

**(1) 纱线性质** 织物的撕破强力与纱线的断裂强力大约成正比,与纱线的断裂伸长率关系密切。当纱线的断裂伸长率大时,受力三角区内同时承担外力的纱线根数多,因此织物的撕破强力高。经纬纱线间的摩擦阻力对织物的撕破强力有消极影响,当摩擦阻力大时,两系统的纱线不易滑动,受力三角区变小,同时承担外力的纱线根数少,因此织物撕破强力低。同样,纱线的捻度、表面形状对织物的撕破强力也有影响。

**(2) 织物结构** 织物组织对织物撕破强力有明显影响。其他条件相同时,平纹组织织物的撕破强力最低,缎纹最高,斜纹介于两者之间。织物密度对织物的撕破强力的影响比较复杂,当纱线粗细相同时,密度小的织物的撕破强力高于密度大的织物,如纱布不易撕破;当经纬向密度接近时,经纬向撕破强力接近,而当经向密度大于纬向密度时,经向撕破强力大于纬向撕破强力,如府绸织物易出现经向裂口(因为府绸的纬密远小于经密,其纬向撕破强力远小于经向撕破强力)。

**(3) 树脂整理** 对于棉织物和黏胶纤维织物,经树脂整理后纱线伸长率降低,织物脆性增加,织物撕破强力下降,下降的程度与使用的树脂种类和加工工艺有关。

**(4) 试验方法** 试验方法不同时,测试的撕破强力不同,无可比性。因为撕破方法不同时,撕破三角区有明显差异。此外,撕破强力与拉伸力一样,受环境温湿度的影响。

## (三) 织物的顶破性质

织物顶破也称顶裂。在织物四周固定的情况下,从织物的一面给予垂直作用力,使其破坏,称为织物顶破,可反映织物多向的强伸特征。织物在穿用过程中,顶破现象比较少见,但膝部、肘部的受力情况与此类似,手套、袜子、鞋面用布也会受到垂直作用力,对特殊用途的织物、降落伞、滤尘袋及三向织物等,也要考核其顶破性质。

**1. 顶破试验方法和指标**

目前,织物顶破试验的常用仪器是钢手球式顶破试验机。另有一种为气压式或油压式试验仪,利用气体或油的压力将织物顶破,用于测试降落伞、滤尘袋织物最为合适,试验结果稳定。

### 2. 影响织物顶破强力的因素

织物在垂直作用力下被顶破时，织物受力是多向的，因此织物会产生各向伸长。当沿织物经纬两方向的张力复合成的剪应力大到一定程度时，即等于织物最弱的一点上的纱线的断裂强力时，此处纱线即发生断裂；接着以此处为缺口，出现应力集中，织物沿经（直）向或纬（横）向撕破，裂口呈直角形。影响织物顶裂强力的因素有：

**(1) 纱线的强伸性** 织物中纱线的断裂强力高、断裂伸长率大时，织物的顶破强力高，因为顶破的实质是织物中的纱线产生伸长而断裂。

**(2) 织物厚度** 在其他条件相同的情况下，织物厚，顶破强力高。

**(3) 织物的织缩** 当织物的织缩大且经纬向的织缩差异不大时，若其他条件相同，织物顶破强力高。因为经纬向纱线同时承担外力，若经纬织缩差异大，当经纬纱线自身的断裂伸长率相同时，织物必沿织缩小的方向撕破，织物顶破强力偏低。

**(4) 织物的密度** 当其他条件相同时，若织物经纬向密度不同，织物必沿密度小的方向撕破，织物顶破强力偏低。

## （四）织物耐磨性

织物的耐磨性是指织物抵抗摩擦而损坏的性能。织物在使用过程中经常与接触物体之间发生摩擦，如外衣与桌、椅等物件摩擦，工作服经常与机器、机件摩擦，内衣与身体皮肤及外衣摩擦。床单用布、袜子、鞋面用布在使用过程中大多也是因磨损而破坏的。实践表明，织物的耐用性取决于织物的耐磨性。

### 1. 织物耐磨性的测试方法和指标

测试织物的耐磨性应尽可能地接近织物使用过程中受摩擦而损坏的情况，测试方法有多种。

**(1) 平磨** 平磨是模拟衣服袖部、臀部、袜底等处的磨损情况，使织物试样在平放状态下与磨料摩擦。根据对织物的摩擦方向分为往复式和回转式两种。对于毛织物，国际羊毛局规定用马丁旦尔摩擦试验仪(Martindale Abrasion Tester)。该仪器属于回转磨。

**(2) 曲磨** 指织物试样在反复屈曲状下与磨料摩擦所发生的磨损，模拟上衣的肘部和裤子膝部等处的磨损。

**(3) 折边磨** 是将织物试样对折，使织物折边部位与磨料摩擦而损坏的试验，模拟上衣领口、袖口、袋口、裤脚口及其他折边部位的磨损。

**(4) 动态磨** 使织物试样在反复拉伸、弯曲状态下受反复摩擦而磨损。

**(5) 翻动磨** 使织物试样在任意翻动的拉伸、弯曲、压缩和撞击状态下经受摩擦而磨损，模拟织物在洗衣机内洗涤时受到的磨损情况。

表示织物耐磨性的指标有两类。一类是单一性的，可分为两种。一种是试样摩擦规定次数后某些物理性质的变化，如强力或重量的损失；另一种是试样的某种物理性质达到规定变化时的摩擦次数，如 2 根纱线断裂或出现破洞时织物所受的摩擦次数。

### 2. 磨损破坏的形式

织物是由纤维组成的，所以织物的磨损是织物中的纤维摩擦损坏所造成的。在反复摩擦作用下，织物中纤维的基本破坏形式有以下几种：

**(1) 纤维断裂** 纤维断裂是织物磨损破坏的主要原因。在反复摩擦作用下，纤维经受反复拉伸变形和弯曲变形，最后因疲劳而断裂。如果织物中纤维配置得非常紧密，且磨料非常细小而锐利，织物受到摩擦时，磨料对织物中纤维发生切割作用，纤维表面一旦损伤，其裂口在反复拉伸与弯曲作用下会产生应力集中，裂口迅速扩大，纤维断裂。假如织物组织比较紧密，纱线捻度也较大，磨料比较光滑，作用比较缓和，纤维在反复摩擦情况下可能出现表皮磨损现象，如继续受到摩擦作用，使纤维微观结构破坏，纤维发生断裂。

**(2) 纤维从织物中抽拨** 如果织物组织松散，纱线捻度较小，织物经受摩擦作用时，纤维在摩擦、碰撞作用下可做微量移动，摩擦反复进行，最后使纤维从纱线中抽拔出来，使织物变薄、强力下降。在受到某一突然的较大外力作用时，织物被损坏，失去使用价值。

**(3) 纤维受热，机械性能下降** 织物在高速摩擦作用下表面温度升高。在热的作用下，纤维强力降低，加速纤维因摩擦疲劳而断裂。对于合成纤维织物，当温度升高超过其软化点后，纤维软化，与软化有关的力学性能如强力、弹性急速下降，也会加速织物的磨损。

实际上，织物受摩擦而损坏的原因和过程十分复杂。织物中的纱线处于弯曲状态，纤维因加捻而扭转，有时织物本身处于折皱状态，实际使用时还受环境因素的影响。

### 3. 影响织物耐磨性的主要因素

**(1) 纤维性质**

① 纤维的几何特征 纤维的长度、细度和截面形态对织物的耐磨性有一定影响。当纤维较长时，成纱的强伸性较好，有利于织物的耐磨。当纤维线密度为 2.78～3.33 dtex 时，织物较耐磨。同样外力作用下，圆形截面纤维产生的应力较小，织物耐磨性一般优于异形纤维产品。特别是耐曲磨和折边磨方面，圆形截面纤维较明显地好于异形纤维织物；而在耐平磨性方面，圆形截面纤维织物的优势则不稳定。

② 纤维的力学性质 纤维的力学性质对织物的耐磨性相当重要。纤维在小负荷反复作用下的变形能力、弹性回复率和断裂功对织物耐磨性的影响很大。纤维弹性好，断裂比功大，则织物的耐磨性优。锦纶、涤纶织物的耐磨性都很好，锦纶织物的耐磨性为最好，因此，多用来制作袜子、轮胎帘子布等。丙纶织物的耐磨性也较好。维纶织物的耐磨性优于纯棉织物，因此棉和维纶混纺可提高织物的耐磨性。腈纶织物的耐磨性属中等。羊毛纤维织物的耐磨性在较缓和的情况下也相当好。麻纤维虽强度高，但伸长率低，断裂比功小，弹性差，因此麻纤维织物的耐磨性差。黏胶纤维的弹性差，反复负荷作用下的断裂功小，其织物耐磨性也差。

**(2) 纱线的结构**

① 纱线的捻度 纱线的捻度适中时，在其他条件相同的情况下，织物耐磨性较好；捻度过大时，纤维在纱中的可移动性小，纱线刚硬，而且捻度大时纤维自身的强力损失大，这些都不利于织物的耐磨性；若纱线捻度过小，纤维在纱中受束缚程度太小，遇摩擦时纤维易从纱线中抽拔出来，也不利于织物的耐磨性。

② 纱线的条干　纱线条干均匀性差时，较粗部分的纱线捻度小，纤维在纱中易被抽拔，不利于织物耐磨性。

③ 单纱与股线　在相同细度下，股线织物的耐平磨性优于单纱织物，因为纤维在股线中不易被抽拔；但由于股线结构较单纱紧密，纤维的可移动性小，所以其织物的耐曲磨性和耐折边磨性差。

④ 混纺纱中纤维的径向分布　混纺纱中，若耐磨性好的纤维多分布于纱的外层，有利于织物的耐磨性，例如涤/棉、涤/黏、毛/腈混纺时使涤纶多分布在纱的外层，则会提高织物的耐磨性。

**(3) 织物的结构**　织物的结构是影响织物耐磨损性的主要因素之一，可以通过改变织物结构来提高织物的耐磨性。

① 织物厚度　织物厚度对织物耐平磨性的影响很显著。织物厚，耐平磨性提高，但耐曲磨和耐折边磨性能下降。

② 织物组织　组织对织物耐磨性的影响随织物经纬密度不同而不同。经纬密度较低时，平纹的交织点较多，纤维不易抽出，有利于织物的耐磨性。经纬密度较高时，以缎纹织物的耐磨性为最好，斜纹次之，平纹最差。因为经纬密度较高时，纤维在织物中附着得相当牢固，破坏的主要方式是纤维产生应力集中而被切割断裂，若织物浮线较长，纤维在纱中可适当移动，有利于织物耐磨性。当织物经纬密度适中时，以斜纹织物的耐磨性为最好。

织物组织相同时，纱线粗，则织物的支持面大，受摩擦时不易产生应力集中；而且纱线粗时，纱线截面内包括的纤维根数多，纱线不易断裂。这些都有利于织物的耐磨性。

③ 织物支持面　织物支持面大，说明织物与磨料的实际接触面积大，接触面上的局部应力小，有利于织物的耐磨性。

④ 织物面密度　织物面密度对各类织物的耐平磨性的影响都极为显著，耐磨性几乎随面密度增加而线性增强。但对于不同织物，其影响程度不同。同样面密度情况下，机织物的耐磨性好于针织物。

⑤ 织物表观密度　织物的密度、厚度与表观密度直接相关。试验证明织物表观密度达到 0.6 $g/cm^2$时，耐折边磨性明显变差。

**(4) 试验条件**　试验条件是影响织物耐磨性的重要条件。

① 磨料　不同的磨料之间无可比性。磨料的种类很多，有各种金属材料、金刚砂材料、皮革、橡皮、毛刷及各种织物，常用的是金属材料、金刚砂材料以及标准织物。不同的磨料引起不同的磨损特征，表面光滑的金属材料和标准织物的作用比金刚砂缓和，纤维多因疲劳或表皮损伤而断裂；金刚砂的作用比较剧烈，纤维多因切割而断裂或纤维抽拔导致纱线解体，使织物磨损。

② 张力和压力　试验时若施加于试样的张力或压力大，织物经较少的摩擦次数就会磨损。

③ 温湿度　试验时的温湿度也会影响织物的耐磨性，而且对不同纤维织物的影响程度不同。对吸湿性好的纤维织物的影响大，对吸湿性差的涤纶、丙纶、腈纶、锦纶等纤维织物则几乎没有影响或影响较小。对黏胶纤维织物的影响最大，因为该纤维吸湿后强力降低，加上纤维的吸湿膨胀，使织物变得硬挺，故耐磨性明显下降。实际穿着试验还表明，由于织物受日晒、汗液、洗涤剂等作用，不同环境下使用相同规格的织物，其耐磨性并不相同。

**(5) 后整理** 后整理可以提高织物的弹性和折皱回复性，但整理后织物的强伸性有所下降。在作用比较剧烈、压力比较大时，强力和伸长率对织物耐磨的影响是主要的，因此，树脂整理后织物耐磨性下降。当作用比较缓和、压力比较小时，织物的弹性回复率对织物耐磨的影响是主要的，而且树脂整理后织物表面的毛羽减少，这也有利于织物的耐磨性。

分析表明，织物耐磨性的优劣是多种因素的综合结果，其中以纤维性质和织物结构为主要因素。在实际生产中，应根据织物的用途和使用条件不同选用不同的纤维和织物结构，以满足对织物耐磨性的要求。

## 三、织物的保形性

### （一）折皱性

#### 1. 折皱性的定义

织物受到搓揉时发生塑性弯曲变形而形成折皱的性能，称为折皱性。织物抵抗由于受到搓揉而引起的弯曲变形的能力，称为抗皱性，它与织物的弹性或塑性有密切关系。

#### 2. 影响织物抗皱性的因素

**(1) 纤维的初始模量及拉伸变形回复性** 涤纶的初始模量较大，其织物的抗皱性好。粘胶纤维和蚕丝的初始模量相近，但黏胶纤维的拉伸变形回复性差，而蚕丝属中等，因此丝织物的抗皱性能优于黏胶纤维织物。棉和麻纤维的初始模量较高，但拉伸变形回复性差，织物一旦形成折皱就不易消失，抗皱性差。

**(2) 纤维粗细** 纤维粗，有利于织物抗皱性的提高。

**(3) 纤维的表面摩擦系数** 适中时有利于折皱回复性的提高。

**(4) 织物组织** 交织点少，抗皱性好，平纹织物的抗皱性比斜纹织物差，厚织物的抗皱性能较好。

**(5) 织物密度** 织物密度过大时，纱线之间的切向滑动阻力增大，外力释去后纱线不易相对移动，折皱回复性有降低的趋势。

**(6) 织物的湿润状态** 通常，织物处于湿润状态时易起皱。但麻织物湿润时，纱线会膨润，因此织物不易起皱。吸湿性差的合成纤维织物则不受湿润的影响。

**(7) 染整后处理** 树脂整理能大大改善织物的折皱回复性。

### （二）褶裥记忆性

#### 1. 褶裥记忆性定义

褶裥记忆性是指织物经熨烫后形成的褶裥（含轧纹、折痕）在洗涤后能经久保留的程度，也称为褶裥保持性，实质上是大多数合成纤维织物热塑性的一种表现形式。由于大多数合成纤维是热塑性高聚物，一般都可进行热定形处理，使这类纤维或以这类纤维为主的混纺织物获得使用时所需的各种褶裥、轧纹或折痕。

**2. 织物褶裥保持性的测试**

采用目光评定法。试验时，先将织物试样正面向外对折、缝牢，覆上衬布，在定温、定压下定时熨烫，冷却后在定温、定浓度的洗涤液中按规定方法洗涤处理，干燥后在一定照明条件下与标准样照对比。通常分1～5级，5级最好，1级最差。

**3. 影响织物褶裥保持性的因素**

**(1) 纤维的热塑性和弹性** 热塑性和弹性好的纤维，热定形时织物能形成良好的褶裥等变形，使用时虽因外力而产生新的变形，但外力去除后回复到原来的褶裥或折痕、轧纹形状的能力较好。涤纶、腈纶织物的褶裥持久性最好，锦纶织物的褶裥持久性也较好，维纶、丙纶织物的褶裥持久性较差。

**(2) 纱线捻度和织物厚度** 捻度和厚度大的织物，熨烫后的褶裥持久性较好。

**(3) 热处理及织物含水率** 织物含水率与褶裥持久性的关系很大，一定的含水率时折痕效果可达最大，含水率再增加，则使熨斗表面温度下降，折痕效果降低。提高熨斗温度，则最适宜的含水率向高的方向移动。

**(4) 熨烫时间** 在适当温度下，厚织物熨烫10 s时可获得较好折痕，30 s时折痕达到平衡。

**(5) 树脂整理** 非热熔性织物经过树脂整理后其褶裥持久性有所提高。

### (三) 织物的悬垂性

**1. 织物的悬垂性定义**

织物的悬垂性是指织物因自重而下垂的性能。它是织物视觉形态风格和美学舒适性的重要内容之一，涉及织物使用时能否形成优美的曲面造型和良好的贴身性。

悬垂性常用悬垂程度和悬垂形态两类指标表示。悬垂程度指织物在自重作用下其自由边界下垂的程度，通常用悬垂系数表示。悬垂形态是将织物试样悬垂曲面的自由边界展开成波纹曲线，通过计算机专用软件自动算出相关指标——波长不匀率系数、波高不匀率系数、波宽不匀率系数及波纹曲面凸条系数等。目前，对织物悬垂形态的研究已经从静态扩展到动态，使得所提取的悬垂性指标能更好地反映服装或织物在使用过程中的动态美。

**2. 影响织物悬垂性的主要因素**

**(1) 纤维刚柔性** 是影响织物悬垂性的主要因素。过分刚硬的纤维所制成的织物的悬垂性不良，如麻织物。由柔软的纤维制成的织物往往有较好的悬垂性，如羊毛织物。纤维细时有助于织物悬垂性，如蚕丝较细，丝织物的悬垂性优。

**(2) 纱线捻度** 捻度小时，有助于织物的悬垂性。

**(3) 织物厚度** 织物厚度增加，波状曲面上的屈曲波峰数减少，投影面积变大，悬垂性变差。

**(4) 织物紧度** 紧度不宜过大。紧度较小的织物，纱线松动的自由度较大，有利于织物的悬垂性。

**(5) 织物面密度** 织物面密度增加，悬垂系数变小，而面密度过小时，织物会产生轻飘感，悬垂性能不佳。

## 四、织物组织

织物组织是织物的一项技术条件，也是织物规格的一项重要内容。织物组织分为三原组织、三原变化组织、联合组织、复杂组织等。

### （一）三原组织

#### 1. 三原组织的特点

三原组织是各种组织的基础，包括平纹、斜纹和缎纹三种。

三原组织在一个组织循环内，每一根经纱或纬纱上只具有一个经组织点，其余都是纬组织点；或者只具有一个纬组织点，其余都是经组织点。如果经组织点占优势，称为经面组织；纬组织点占优势，则称为纬面组织；经、纬组织点相等，则称为同面组织。

凡同时具有以下条件的织物组织归属为三原组织，即三原组织的基本特征：

(1) 组织循环经纱数等于组织循环纬纱数，$R_j = R_w = R$；

(2) 在一个组织循环内，每根经纱（或纬纱）上只有一个经组织点（或纬组织点），其余的都是纬组织点（或经组织点）；

(3) 原组织的飞数 $S$ 为常数。

#### 2. 三原组织及其织物特征

**(1) 平纹组织** 平纹组织由一个经组织点与一个纬组织点间隔排列而成，经组织点数等于纬组织点数，故正反面无差异，而且织物表面光泽较暗；平纹组织结构为一上一下交织，当织物承受摩擦、弯曲等外力时由经、纬两个系统的纱线同时承受，因此强力较高，手感结实。

**(2) 斜纹组织** 其织物有正反面的差异，由于斜纹组织有浮长线出现，使织物表面的光泽较平纹亮；因经、纬浮长有差异，故承受外力作用时，某一系统的纱线所承受的外力较另一系统大，故强力较低，手感较柔软。

**(3) 缎纹组织** 缎纹组织的单独组织点分布均匀，且为周围的浮长所覆盖，因此，织物表面光泽最好；这种组织的经浮长或纬浮长更大，织物的一面几乎被一个系统的纱线所覆盖，受到外力作用时几乎由一个系统所承担，因此，织物强力最低，但手感最柔软。

#### 3. 三原组织的参数与表示方法

**(1) 平纹组织** 组织参数为：$R_j = R_w = 2$，$S_j = S_w = \pm 1$。可用分式$\frac{1}{1}$表示。

**(2) 斜纹组织** 组织参数为：$R_j = R_w \geqslant 3$，$S_j = S_w = \pm 1$。可用分式表示，分子表示一个组织循环内一根纱线上的经组织点数，分母表示一个组织循环内一根纱线上的纬组织点数，分子与分母之和等于一个组织循环纱线数；在分式旁边加一个箭头，以表示斜纹的方向。如$\frac{2}{1}\nearrow$

表示二上一下右斜纹，$\frac{1}{3}\nwarrow$表示一上三下左斜纹。

在原组织斜纹中，分子或分母必有一个等于1。原组织斜纹都是单面斜纹，当分子大于分母时，称为经面斜纹；当分子小于分母时，称为纬面斜纹。

对于斜纹织物，欲得到清晰的斜纹线，必须正确选择经纬纱的捻向。经面斜纹呈经纱效应，主要选择经纱的捻向。经面右斜纹，经纱应采用S捻；经面左斜纹，经纱应采用Z捻。总之，纱线的捻向应与斜纹方向垂直。

**(3) 缎纹组织** 组织参数为：① $R \geqslant 5$（6除外）；② $1 < S < R-1$，且为常数；③ $R$与$S$必须互为质数。缎纹组织也可用分式表示，分子表示一个组织循环纱线数$R$，分母表示飞数$S$。

## （二）三原变化组织

在三原组织的基础上，变化组织点的浮长、飞数、斜纹线的方向及循环纱线数等因素中的一个或多个而产生的各种组织，即为变化组织。变化组织仍保持原组织的一些基本特征，可分为平纹变化组织、斜纹变化组织和缎纹变化组织。

### 1. 平纹变化组织

平纹变化组织是在平纹的基础上，通过沿经（或纬）纱方向延长组织点，或沿经和纬两个方向同时延长组织点的方法变化而来的。平纹变化组织有重平或方平之分。

**(1) 重平组织** 以平纹组织为基础，沿着经（或纬）纱一个方向延长组织点而形成。重平组织有经重平和纬重平两种。

① 经重平组织 以平纹组织为基础，沿着经纱方向延长组织点所形成的组织，称为经重平组织。$R_j = 2, R_w =$ 分子 + 分母。

② 纬重平组织 以平纹组织为基础，沿着纬纱方向延长组织点所形成的组织，称为纬重平组织。$R_j =$ 分子 + 分母，$R_w = 2$。

**(2) 方平组织** 以平纹组织为基础，沿着经和纬两个方向延长组织点所形成的组织，称为方平组织。由浮沉规律相同的变化经重平和变化纬重平构成的组织，称为变化方平组织。

方平组织织物的外观比较平整，呈现大小相同或不同的方块效应，织物表面光泽较好，常用作服装面料，如毛织物中的板司呢、女式呢、仿麻呢等。$\frac{2}{2}$方平一般用作布边组织。

### 2. 斜纹变化组织

以原组织斜纹为基础，采用延长组织点、改变飞数、改变斜纹方向等方法构成的组织，称为斜纹变化组织。

**(1) 加强斜纹** 在斜纹组织的单个组织点旁，沿经向或纬向延长而形成多个连续的组织点，使组织中不存在单个组织点的斜纹组织，称为加强斜纹组织。其特点是没有单独的组织点，$R_j = R_w =$ 分子+分母 $\geqslant 4, S = \pm 1$。加强斜纹组织用分式表示，分子、分母的含义与原组织斜纹相同。

**(2) 复合斜纹** 由两条或两条以上粗细不同的同方向的斜纹线构成的组织，称为复合斜纹组织。复合斜纹组织也可用分式表示，$R_j = R_w =$ 分子+分母 $\geqslant 5, S = \pm 1$。复合斜纹组织有经面复合斜纹组织、纬面复合斜纹组织和双面复合斜纹组织。

**(3) 角度斜纹(急斜纹和缓斜纹)** 通常把斜纹线与水平线之间的夹角称为斜纹线的倾斜角,用$\theta$表示。在斜纹组织中,当经纬纱的线密度相同,经纬密度相同,且$S=\pm 1$时,$\theta=45^\circ$,称为正则斜纹;$\theta>45^\circ$的斜纹组织,称为急斜纹组织;$\theta<45^\circ$的斜纹组织,称为缓斜纹组织。

**(4) 曲线斜纹** 斜纹组织的飞数不断改变,使斜纹线的倾斜角度随飞数变化而变化,呈现出曲线外观效应,称为曲线斜纹。根据波峰朝向可分为经曲线斜纹和纬曲线斜纹两种。

**(5) 山形斜纹** 以斜纹组织为基础,在一定的位置改变原来组织的经向飞数或纬向飞数的正负号,使斜纹线的斜向相反,形成类似于山峰形状的组织,称为山形斜纹。当山峰方向与经纱方向相同时,称为经山形斜纹;当山峰方向与纬纱方向相同时,称为纬山形斜纹。

**(6) 破斜纹** 破斜纹以一规则斜纹为基础排列数根纱线后,斜纹线方向发生折转,斜纹折转处相邻两根纱线上的经纬组织点完全相反,形成破断错位的山形或人字形。左右斜纹线的分界线称为断界,断界两侧的斜纹方向不同,断界与经纱平行的称为经破斜纹;断界与纬纱平行的称为纬破斜纹。

**(7) 菱形斜纹** 将经山形斜纹与纬山形斜纹联合在一起而构成具有菱形图案外观的组织,称为菱形斜纹组织。

**(8) 锯齿斜纹** 由两个或两个以上相同的山形斜纹组织,使其山峰等距离地上移或下移(右移或左移)而形成的组织,外形似锯齿而称为锯齿形斜纹。山峰朝向经纱方向的称为经锯齿斜纹,山峰朝向纬纱方向的称为纬锯齿斜纹。锯齿形斜纹山峰的位差以两个山峰间隔的纱线根数表示,称为锯齿飞数$S$。

**(9) 芦席斜纹** 将一个组织循环沿对角线分成四个区域,分别由右斜纹和左斜纹间隔占据各区,每条斜纹线相交处成直角而形成的斜纹变化组织,其外形类似芦席编织纹,故称为芦席斜纹。

### 3. 缎纹变化组织

缎纹变化组织主要采用增加经(或纬)组织点、变化组织点飞数的方法构成,有加强缎纹、变则缎纹、重缎纹及阴影缎纹等。

**(1) 加强缎纹** 以缎纹组织为基础,在其单独组织点周围添加一个或多个同类组织点形成的组织,称为加强缎纹组织。

加强缎纹所添加的组织点可以是一个或多个;可以紧挨着原来的组织点,也可以稍有间隔;可以在原来单个组织点的上下、左右、对角等方向添加。

**(2) 变则缎纹** 在一个组织循环内飞数采用不同的数值而构成的缎纹组织,称为变则缎纹或不规则缎纹。

4 枚变则缎纹(其飞数为 1,2,3,2)即 4 枚破斜纹组织。5 枚和 7 枚以上,均可形成正则缎纹,但 7 枚正则缎纹的单个组织点分布不均匀,故 7 枚缎纹常采用变则缎纹。

**(3) 重缎纹** 重缎纹是在原组织缎纹的基础上,在单独组织点的周围,沿其经向或纬向,使单独组织点变成浮长线而得到的组织。其外观仍保持缎纹的外观,但因组织循环变大、浮长线加长,织物较松软。

**(4) 阴影缎纹** 阴影缎纹是由纬面缎纹逐渐过渡到经面缎纹或由经面缎纹逐渐过渡到纬面缎纹的一种缎纹变化组织，称为阴影缎纹组织。

与阴影斜纹类似，按组织过渡情况有单过渡阴影缎纹和对称过渡阴影缎纹之分；按过渡沿纬向或经向，有纬阴影缎纹和经阴影缎纹之分；按增加组织点的方向，可分为经纱阴影缎纹和纬纱阴影缎纹。

## （三）联合组织

联合组织是由两种及两种以上的原组织或变化组织，运用各种方法联合而成的组织，织物表面呈现几何图形或小花纹等外观效应。应用较广的联合组织有条格组织、绉组织、蜂巢组织、透孔组织、凸条组织、网目组织、小提花组织等。

### 1. 条格组织

运用两种或几种组织沿纵向或横向并列配置，使织物表面形成纵横条纹或格子花纹的组织，称为条格组织。可分为纵条纹组织、横条纹组织和格子组织等。

**(1) 纵条纹组织** 在织物表面沿横向并列配置两种或几种不同的组织，以形成纵向条纹效应的组织，称为纵条纹组织。

纵条纹组织的构作原则为：

① 各纵条纹的交界处界限分明，即交界处相邻两根经纱的组织点应配置成“底片翻转”的关系（即交界处相邻两根经纱的经纬组织点相反）；

② 如交界处相邻两根经纱的经纬组织点不能相反配置，为了使条纹分界清晰，可在两条纹间加一根另一组织或另一颜色的纱线；

③ 在一个组织循环中，各种组织的交错次数不要相差太大，否则可能导致织造困难。

**(2) 横条纹组织** 在织物表面沿纵向并列配置两种或几种不同的组织，以形成横向条纹效应的组织，称为横条纹组织。

**(3) 方格组织** 由不同组织或同一组织的正反面沿纵横两个方向并列配置而成的组织，称为方格组织。方格组织的格子可呈正方形（将完全组织划分成田字形的四等份），也可为长方形（划分的四个部分不相等），格子大小可相等也可不等。

**(4) 格子组织** 在织物表面沿纵横两个方向并列配置两种或几种不同的组织，由这些组织的纵横条纹交错而形成正方形或长方形的格子效应的组织，称为格子组织。

### 2. 绉组织

织物组织中，不同长度的经纬浮点在纵横方向错综排列，使织物表面具有分散的、规律不明显的、微微凹凸的细小颗粒，呈现绉效应，这类组织称为绉组织。

为了形成效果较好的绉组织，必须注意以下几点：

(1) 不同长度的经纬浮点沿各个方向均匀配置，切忌使织物表面呈现明显的纵向、横向、斜向纹路或其他规律；

(2) 在一个组织循环内，各根经纱与纬纱的交织次数应尽量接近，使每根经纱的缩率趋于一致；

(3) 经纬浮长不宜过长（一般不超过 2 mm，有特殊要求的除外），因为太长的浮线会破坏织物表面均匀细微的颗粒状外观，同时要考虑不使大群相同的组织点(经或纬)集聚在一起，以免影响起绉和光泽的效果。

### 3. 蜂巢组织

织物表面具有四周高、中间低的方形、菱形或其他几何形的如同蜂巢状外观的组织，称为蜂巢组织。

蜂巢组织使织物形成边部高、中间低的蜂巢外观，是由于织物中平纹组织的几何形块和长浮线的几何形块相间排列而产生的。从织物表面看，某些平纹块的上下被由内向外的纬浮长线围绕，其左右亦被由内向外的经浮长线围绕，形成四周松弛、浮长线隆起而中心凹下的几何块，而某些平纹块在织物正面微微凸起，凹或凸的几何块面有规律地相间排列，形成蜂巢状外观。

### 4. 透孔组织

使织物表面具有均匀分的布细小孔眼外观的组织，称为透孔组织。因为它和复杂组织中的纱罗组织相类似，故又称“假纱组织”。

### 5. 凸条组织

织物表面具有纵向、横向、斜向或其他形状排列的凸条纹外观的组织，称为凸条组织，又称浮组织。其正面由平纹、$\frac{1}{2}$或$\frac{2}{1}$斜纹等较紧密的组织构成，反面为沉浮的浮长线。

在凸条组织内，一部分经纱与纬纱(或纬纱与经纱)交织成固结组织，成为较紧密的结构呈现在织物的表面，另一部分以长浮线的状态沉在织物反面，织物下机后反面的长浮线收缩，使正面紧密的固结组织因受反面的收缩作用而凸起，形成凸条外观。

### 6. 网目组织

织物表面依靠基础组织和纱线浮长形成具有网目外观效应的组织，称为网目组织，又称蛛网组织。网目组织的形成通常以平纹或斜纹等为地组织，再加入一定的经(或纬)浮长线，松弛的长浮线在一定位置上成束地突出在织物表面，这些成束的经(或纬)浮线浮在经纬纱交织较紧部位而向交织较松部位扩展，并在另一系统的浮长线的收缩力作用下被拉成折线状，呈现网目状的外观。

网络状曲折长浮线是经纱的，称为网目经，所形成的组织称为经网目组织；网络状曲折长浮线是纬纱的，称为网目纬，所形成的组织称为纬网目组织。

### 7. 小提花组织

采用多臂机织造，在织物表面运用两种或两种以上的组织变化形成花纹外观的组织，称为小提花组织。应用小提花组织制织的织物称为小提花织物，因其表面呈现较明显的花纹，所以与大提花织物相比，除了工艺、设备条件以及花纹变化自由程度的差异外，几乎没有本质的区别。

常见的小提花组织以平纹为地组织，其构作步骤及注意事项如下：

(1) 构思设计具有一定外观效应的花纹；

(2) 按所设计品种的经纬密度，选择相应比例的意匠纸，绘制花纹意匠图；

(3) 小提花组织多数为单层组织，有时也采用重组织，根据织物不同要求而定，但其花、地组织必须应用两种或两种以上的组织或浮长，并安排好花、地之间的距离，然后进行组织点绘；

(4) 绘制花纹时，必须注意织机使用的综片数（含地组织）以不超过 16 片为宜；

(5) 一个完全组织的纬纱数（包括配色循环数）一般不超过 200 根，否则会因纹帘过长而造成安装与织造困难；

(6) 花纹部分的组织，其浮长不宜过长，以防花部结构松软，避免因经纱交织缩率差异过大而影响正常生产；在单经轴织造的情况下，各根经纱的交织次数差异不能太大，以达到张力的平衡。

#### 8. 色纱与组织的配合——配色模纹

织物的外观花纹不仅与织物组织相关，而且与所选用的原料、纱线及其颜色排列有密切的联系。利用各种颜色的经纬纱线与织物组织相配合，可以在织物表面形成不同色彩配合的花型图案。

利用两种或两种以上颜色的纱线与织物组织相配合获得的色彩与组织复合的效果，称为配色模纹。配色模纹单凭组织或色纱的单一变化是无法实现的。

配色模纹的常用类型有：

(1) 条形模纹：在织物表面形成纵向或横向的条纹；

(2) 小点模纹：在织物表面形成明显的有色小点模纹；

(3) 犬牙模纹：指外形不规则的块状模纹，其模纹的边缘不整齐，犹如犬牙而得名；

(4) 梯形模纹：由纵条纹和横条纹联合而成，外观似台阶状；

(5) 格形模纹：由纵条纹和横条纹配合形成。

### （四）重纬组织

#### 1. 重纬组织定义

在重纬组织中，显现在织物表面的纬纱称为表纬，重叠在表纬下面的纬纱称为里纬，表纬与经纱交织而成的组织称为表组织，里纬与经纱交织的组织称为里组织，重叠在一起的表里纬纱称为一个重组。通常将两组纬纱与一组经纱交织而成的重纬组织称为纬二重组织，将三组以上纬纱与一组经纱交织而成的重纬组织称为纬多重组织。

#### 2. 重纬组织构成原理

构成重纬组织的两组或两组以上的纬纱，如何才能相互重叠，使一组纬纱显现在织物表面，而另一组纬纱较好地隐藏在背面，其构成原理如下：

(1) 组织图中，里纬的纬浮点的上下两个方向或一个方向，一定有表纬的纬浮点，必须避免里纬的单个纬浮点与表纬的单个经浮点并列在一起形成平纹状交织，这样表里纬才能借助于打纬的作用产生滑移，使相邻两根表纬彼此靠近，很好地遮盖里纬。

(2) 在一个完全组织内，表纬的纬浮长必须大于里纬的纬浮长，使表纬的长浮纱很好地遮盖里纬的纬浮点，所以一般要求表组织是纬面组织，里组织是经面组织，或者表里组织都是纬面组织，但里纬组织的枚数要小于表纬组织的枚数。当表组织为平纹组织时，必须选择经面组织作为里组织；当表组织为经面组织时，必须选择经浮长比表组织的经浮长更长的经面组织作为里组织，表纬的经组织点要和里纬的经浮点重叠，这样才能不“露底”。如果表里纬纱互不重叠，将得到闪色效应。

(3) 表组织和里组织的经纬纱循环数要求相等或成整数倍关系，这样有利于表里组织的重叠和减少经纬纱循环数。

**3. 重纬组织的纬纱排列比选择**

表里纬纱排列比的选择取决于表里纬纱的线密度、织物用途、织造工艺条件及设计意图等。如果为了增加织物的重量和厚度，里纬可用较粗的纬纱，为使表纬能够很好地遮盖里纬，表里纬排列比可用 2∶1 或 3∶1。若表里纬的线密度相同，可采用 1∶1 排列。若使用有梭织机织造，选择排列比时应考虑织机的多梭箱装置。采用单侧多梭箱时，表里纬排列比需用 2∶2 或 4∶2，双侧多梭箱情况下则可用任意排列比。

**4. 重纬组织循环数的计算**

重纬组织循环数可按下式计算：

$$R_j = R_{jm} \text{ 与 } R_{jn} \text{ 的最小公倍数}$$

$$R_w = \left(\frac{a_w}{m} \text{ 与 } \frac{b_w}{n} \text{ 的最小公倍数}\right) \times (m+n) \tag{3-6}$$

式中：$R_{jm}$——表组织经纱循环数；

$R_{jn}$——里组织经纱循环数；

$a_w$——表组织纬纱循环数与 $m$ 的最小公倍数；

$b_w$——里组织纬纱循环数与 $n$ 的最小公倍数；

$m$——表里纬排列比的前项数值；

$n$——表里纬排列比的后项数值。

图 3-1 所示为 8 枚衬 4 枚的纬二重组织，其表组织为 8 枚纬缎，里组织为 4 枚纬斜，则最小公倍数为 8，一个完全组织的纬纱数为 8×2=16；图 3-2 所示为 10 枚衬 5 枚的纬二重组织，其表组织为 10 枚纬缎，里组织为 5 枚纬缎，则最小公倍数为 10，一个完全组织的纬纱数为 10×2=20。

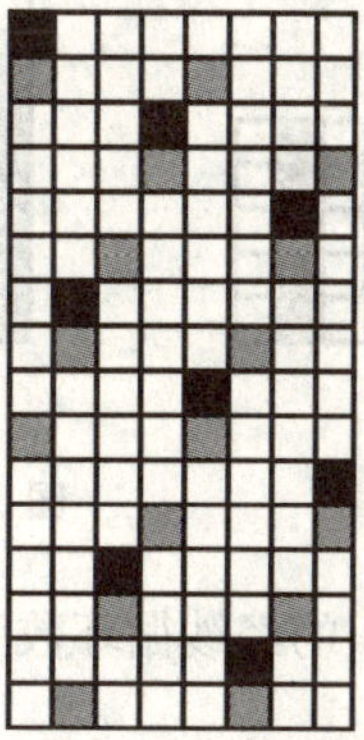

**图 3-1　8 枚衬 4 枚的纬二重组织**

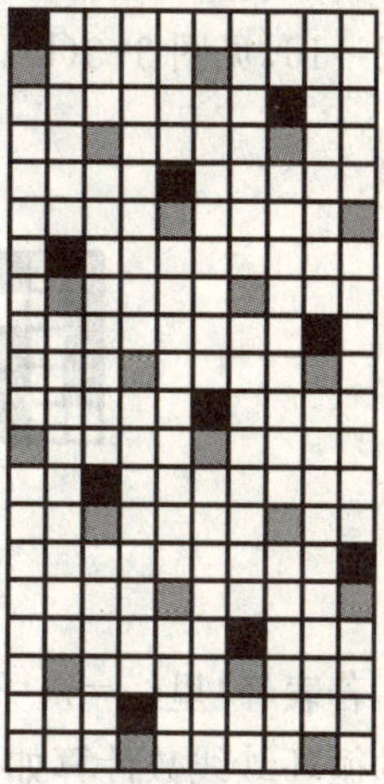

**图 3-2　10 枚衬 5 枚的纬二重组织**

## （五）重经组织

### 1. 重经组织定义

由两组或两组以上的经纱与一组纬纱交织而成的经纱重叠的组织，为重经组织。其中表经与纬纱交织成表组织，里经与纬纱交织成里组织，表组织和里组织为重经组织的基础组织。

### 2. 重经组织构成原理

(1) 里经的经浮点的两旁或一旁，要有表经的经浮点，否则表里经不能重叠；

(2) 在一个组织循环内，表经的浮长必须大于里经的浮长；

(3) 表里组织的完全经纬纱数必须相等或成整数倍关系。

### 3. 重经组织的排列比

经二重组织一般采用表经∶里经＝1∶1(或 2∶1)，表经根数大于里经根数是为了更好地遮盖里经。

### 4. 重经组织的完全纬纱数

当两个基础组织的纬纱数相等时，则完全组织的纬纱数等于基础组织的纬纱数；当两个基础组织的纬纱数不等时，则完全组织的纬纱数等于两个基础组织的纬纱数的最小公倍数。

### 5. 重经组织的完全经纱数

当两个基础组织的经纱数相等时，则完全组织的经纱数等于基础组织的经纱数乘经表里经排列比之和。

例如重经组织的表组织为 5 枚经面缎纹，里组织为 5 枚纬面缎纹，排列比为 1∶1，其完全组织经纱数＝5×(1＋1)＝10，见图 3-3(a)。

当两个基础组织的经纱数不相等，且表里经排列比为 1∶1 时，则完全组织的经纱数等于两个基础组织的经纱循环数的最小公倍数乘表里经排列比之和。

例如表组织为经 8 枚，里组织为纬 4 枚，其完全组织的纬纱数为 8，完全组织的经纱数＝8×2＝16，见图 3-3(b)。

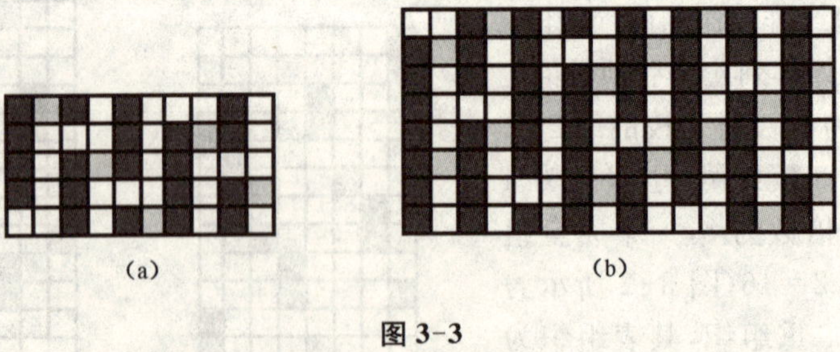

(a)　　(b)

图 3-3

若表经∶里经＝$m$∶$n$，表组织的经纱循环数为 $R_m$，里组织的经纱循环数为 $R_n$，则经二重组织的循环纱线数计算如下：

$$R_j = \left(\frac{R_m\text{与 }m\text{ 的最小公倍数}}{m}\text{与}\frac{R_n\text{与 }n\text{ 的最小公倍数}}{n}\text{的最小公倍数}\right)\times(m+n)$$

## （六）多层组织

### 1. 双层组织

**(1) 双层组织**　由两组经纱分别与两组纬纱交织形成相互重叠的上下两层的组织，称为双层组织（见图 3-4）。

**(2) 双层组织构成原理**　投入表纬织上层时，里经必须全部沉在梭口下方，不与表纬交织；投入里纬织下层时，表经必须全部提升，不与里纬交织。

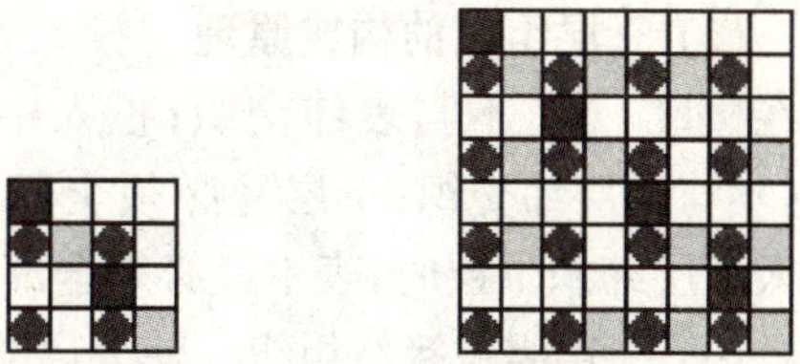

(a) 平纹双层组织　　(b) 4枚斜纹双层组织

图 3-4　双层组织图

**(3) 表里接结组织**　使分离的表里两层构成一个整体的组织，称为表里接结组织。

常用的接结法有三种：

① 里经接结法（下接上）　里经提升与表纬接结，在里经与表纬相交的方格内，有规律地增加经组织点，见图 3-5(a)。

② 表经接结法（上接下）　表经下沉与里纬接结，在表经与里线相交的方格内，有规律地增加纬组织点，减少经组织点(▣)，见图 3-5(b)。

③ 联合接结法　同时运用以上两种方法进行接结，见图 3-5(c)。

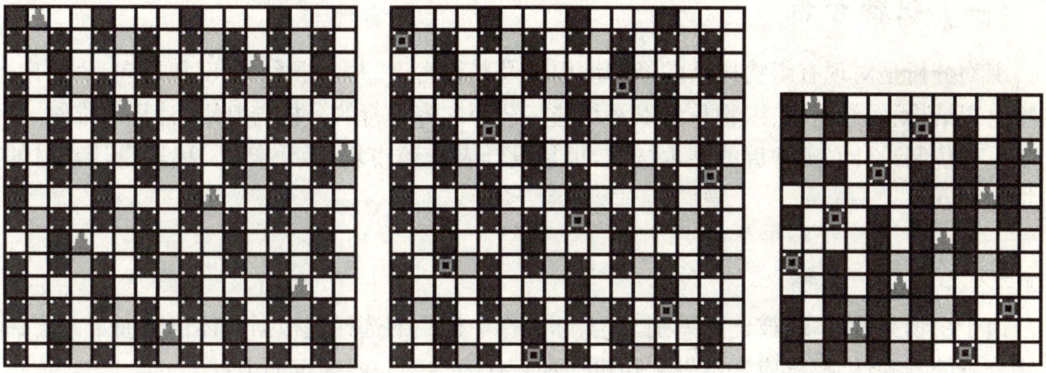

(a)　(b)　(c)

图 3-5　双层接结组织

**(4) 选择接结组织须考虑的因素**

① 在一个组织循环内，接结点的分布应均匀；

② 如采用“下接上”接结法，里经的经组织点应位于左右表经的经浮长之间；如采用“上接下”，里纬的纬组织点应位于表纬的纬浮长之间；

③ 接结点的分布方向，应与表组织的方向一致；

④ 如表层组织为经面效应，一般选用里经接结法；如表层组织为纬面效应，一般选用表经接结法；如要求表里接结牢固，可选用联合接结法。

**(5) 双层组织的循环纱线数**　计算时可将其看作重经或重纬组织，有接结组织时，其最小公倍数指表组织、里组织和接结组织的最小公倍数，双层组织的经纬纱循环数应与表里组织和接结组织的循环纱线数相配合。

**2. 三层组织**

**(1) 三层组织** 将三种单层组织互相重叠地接合在一起成为一个整体，可使织物厚实。

**(2) 三层组织的构成原理** 投入表纬织上层时，中下层经必须全部沉在梭口下方，不与表纬交织；投入中层纬织中层时，表经必须全部提升，不与中层纬交织；下层经必须全部沉在梭口下方，不与中层纬交织；投入下层纬织下层时，表中经必须全部提升，不与下层纬交织。

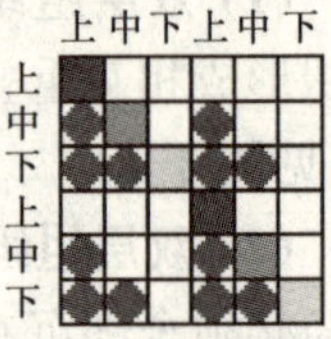


图 3-6 平纹三层组织

**(3) 三层组织接结组织** 使分离的三层构成一个整体的组织。

常用的接结法有三种：

① 下接上 下层经提升与表纬接结，在下层经与表层纬相交的方格内，有规律地增加经组织点。

② 上接下 表层经下沉与下层纬接结，在表层经与下层纬相交的方格内，减少经组织点。

③ 联合接结法 下接中和上接中。

## 五、织物分析与设计

### (一) 织物分析

织物分析是对现有织物样品的经纬纱原料及其线密度、并合根数、捻度和捻向、色纱排列、织物组织结构、经纬密度、织物重量以及织造工艺等内容进行的分析与判别、计算与推测，是设计者进行仿制设计必须掌握的基本技能，也是设计者走访市场、收集新品、积累设计素材的必备技能。

**1. 取样**

由于织物品种极多，彼此间差别大，实际工作中样品的选择应根据具体情况而定。要保证织物分析的准确性，取样应基本做到随机性和有代表性。一般规定如下：

(1) 从整匹织物中取样时，样品到布边的距离不少于 5 cm，离两端的距离则要求棉织物不少于 1.5～3 m、毛织物不小于 3 m、丝织物约 3.5～5 m。此外，还要求样品无明显疵点，并力求其处于原有自然状态。

(2) 取样面积应随织物种类、组织结构而异。简单的平素织物样品，取样面积一般为 15 cm×15 cm～25 cm×25 cm；组织(或配色)循环较大的织物，取样应适当放大，最小不小于一个循环所占的面积；大提花织物的经纬纱循环数很大，取样时不强求完整的组织与花样循环，但要求概括织物中的各种组织结构，一般取样面积为 20 cm×20 cm 或 25 cm×25 cm，也可取长度不少于20 cm的整幅织物作为分析样品。

**2. 织物正反面的判别**

(1) 织物正面平整、光滑、细致，花纹清晰、美观。

(2) 按织物特征确定正反面，如经面织物正面的经浮长占优势，纬面织物正面的纬浮长占优势。

(3) 重组织织物、双层织物，正面的纱线原料好，表组织的密度大。

(4) 凸条和凹凸花纹织物，显示凹凸花纹的一面为正面，反面则有浮长线衬托。

(5) 绒织物，单面起绒时有绒毛的一面为正面，双面起绒时则绒毛光洁、整齐的一面为正面。

(6) 纱罗织物，绞经突出、孔眼清晰平整的一面为正面。

(7) 毛巾织物，毛圈密度大的一面为正面。

### 3. 织物经纬向的判别

(1) 如带有布边，与布边平行的纱线是经向纱线，与布边垂直的纱线是纬向纱线。

(2) 含有浆料的纱线是经向纱线，不含浆料的纱线是纬向纱线。

(3) 一般而言，织物的经密大于纬密，经纱的原料较好。

(4) 纱罗织物中，有扭绞的纱线是经向纱线。

(5) 毛巾织物中，起毛圈的纱线是经向纱线。

(6) 根据织疵鉴别，织物中有筘路的，筘路方向为经向；有稀弄的，稀弄方向为纬向。

(7) 一般情况下，经向纱线的捻度较大(强捻纬纱织物——绉布除外)。

### 4. 织物经纬密度的测定

织物经纬密度的测定方法通常有：

**(1) 直接测定法** 用密度分析镜数出单位长度内的经纬纱根数，再计算而得。

**(2) 间接测定法** 先分析一个完全组织的循环纱线根数，然后乘以 10 cm 内的组织循环个数，所得乘积就是经(纬)密度。此法适合于密度大、组织较简单的织物(如条格组织、山形斜纹组织等)。

**(3) 拆布法** 在样品上量得 1 cm(或 2 cm)的长度，将经纬纱逐一拆出并数清根数，即可得出经纬密度。此法适合于纱线重叠、组织较复杂的织物及深色织物(如曲线斜纹、小提花织物等)。

### 5. 织物经纬纱缩率的测定

织物经纬纱缩率包括织缩率和练染缩率，是计算经纬纱的线密度和经纬纱的用量及进行工艺设计的重要依据。

一般的测定方法是：沿织物样品的经纬向分别标出一定长度(一般为 10 cm)，标上记号，记为织物中纱线长度 $L_2$，然后拆出纱线，测量其在自然伸直状态下的记号间的长度，记为纱线原长度 $L_1$，最后按下式计算缩率：

$$a(\%) = \frac{L_1 - L_2}{L_1} \times 100 \tag{3-7}$$

测算 10 次，取其平均值。这种方法简单易行，但其精确性一定程度上受拆纱方法和拉直纱线的张力的影响。

#### 6. 织物经纬纱线密度的测算

线密度的表示方法有定重制(计量单位为公制支数或英制支数)和定长制(计量单位为特克斯或旦尼尔)。棉产品一般用特克斯、英制支数;毛、麻产品一般用特克斯、公制支数;丝绸产品一般用特克斯、旦尼尔。

测定织物经纬纱线密度的方法有两种:

**(1) 比较测定法** 把纱线与已知线密度的纱线进行比较而确定。此法简单易行。

**(2) 称重法** 从样品中拆取单位长度的纱线,用天平称重,再通过计算确定。

#### 7. 织物经纬纱原料的鉴别

鉴定织物经纬向原料的方法通常有四种,详见前文。

#### 8. 织物重量测算

织物重量主要指织物单位面积的重量,即织物每平方米的无浆干重,也称为面密度。它是表示织物厚度的一种间接指标,也是对织物进行经济核算的主要指标。测算的方法有称重法和计算法,这里仅介绍前者。

取 10 cm×10 cm 的样品退浆后称重,再按下式计算:

$$G=\frac{g\times 10^4}{L\times b} \tag{3-8}$$

式中:$G$—— 样品每平方米的无浆干重($g/m^2$);

$g$—— 样品的无浆干重(g);

$L$—— 样品的长度(cm);

$b$—— 样品的宽度(cm)。

#### 9. 织物组织与色纱排列的分析

正确分析织物中经纬纱交织规律是正确确定织物上机的基础。组织分析常用的工具有照布镜、分析针、剪刀及颜色纸等。常用的织物组织分析方法有两种。

**(1) 直接观察法** 即利用照布镜直接观察织物组织,适用于密度小、纱线粗、组织简单的织物。

**(2) 拨拆法** 即观察织物在拨松状态下的经纬纱交织规律。先拆去 1 cm 的经纱和纬纱,将织物拨松,然后在照布镜下观察经纬纱的交织规律。

### (二) 织物设计

#### 1. 织物设计类型

织物设计分为仿制设计、改进设计和创新设计三种。

**(1) 仿制设计** 根据需方(即用户,包括贸易公司、厂商和消费者等)提出的要求,对织物来样进行仔细分析和认真研究,然后根据织物分析所获得的上机资料拟定织物设计规格,制定合理的工艺，生产出与来样外观特征和内在质量基本相同的织物。

仿制设计的根本目的是"仿"，即要求设计生产的织物与来样尽可能相同，形神兼备，直到需方认可为止。因此，仿制设计的重点在于对织物来样的准确分析和仿制生产工艺的正确判断。

**(2) 改进设计** 针对一些产品有明显缺陷，如易沾污、易起球、起毛、起皱、起静电、不耐高温、不耐光、不防水、不透气等现象，进行改进，这种方法称为缺陷弥补型。

或根据产品系列配套的要求，在某一现有产品的基础上进行系列化设计，以丰富产品的类型，扩大适用性；或根据市场流行预测，有意识地对某一现有产品进行一个或几个织物要素的变化设计，以改善产品的外观或功能。

改进设计的内容主要涵盖：①调整纤维类别、经纬纱的线密度、并合根数、捻度与捻向、织物组织和经纬密度等结构要素；②进行织物系列化开发，实现重量、幅宽和原料等方面的配套设计；③修改花纹图案的构图、花幅、表现手法及配色等，改善和增进产品的美感和艺术性；④改进产品的功能。

**(3) 创新设计** 纺织品具有明显的个性化、多样性、多变性的特征。

① 个性化 就是与众不同，强调个人的性格、爱好和特点。

② 多样性 就是指花色品种尽可能多，以满足不同季节、不同场合、不同年龄、不同性别、不同民族和地区的需要。

③ 多变性 产品的变化周期缩短，以满足人们追求新、异、奇、特的需求。

考虑纺织品个性化、多样性、多变性的特征因素，设计者根据市场的需要及用途的要求，采用新原料、新工艺、新技术、新设备，设计并制作风格新、功能新的产品，这就是纺织品的创新设计。大千世界奇花异卉、山水卵石、亭台楼阁、古诗名画及其他造型、肌理、情趣、意境，都是纺织品设计的源泉。采用移植仿生型的方法，模仿自然界生物的特点开发产品，是很好的设计思路，可开发各种仿毛、仿丝、仿麻、仿毛皮或仿麂皮产品。

**2. 织物设计内容**

**(1) 织物规格设计** 织物规格设计包含成品规格设计和织造规格设计两部分内容。成品规格设计的主要内容为：原料选用、纱线设计、经纬密度设计、组织设计、织造与染整后整理工艺设计等；织造规格设计的主要内容为：钢筘设计、穿综设计、经轴安排、梭箱与投纬顺序设计、纹制工艺与装造设计、布边设计、织物上机图绘作及上机计算等。

**(2) 原料选用与纱线设计** 纺织原料种类众多，选用原料时，在全面掌握各类纤维特点的基础上，根据纺织产品的用途要求、外观与功能特点、价格及使用对象，抓住关键因素，突出产品的主要风格，合理地进行选择，并针对各种纤维特点采用纯织、混纺织或交织方式，相互取长补短，力求优化组合。

原料选定后，根据织物的外观、手感及质地要求不同进行纱线设计。

**(3) 织物结构设计** 在原料选定、经纬纱线组合确定后，应进行织物结构设计，包含织物组织设计和经纬密度设计。

① 织物组织设计 织物组织设计是织物设计的重要组成部分，恰当与否直接影响织物的外观、手感及性能。进行组织设计时，应综合考虑纤维原料、纱线线密度、经纬密度及纱线排列等因素，以取得最佳的综合效果，同时应考虑生产条件，如织机类型、综片数、纹针数、选纬针数

(梭箱数)等,利用各类组织设计的基本规律与形式变化法则,设计出能体现织物风格特征的新颖组织。

② 织物经纬密度设计　经纬密度与织物用途、所用原料、经纬纱线密度、捻度、组织结构等因素密切相关,其确定主要有三种方法,不论使用哪种方法,都应通过生产试织来修订经纬密度。

A. 理论计算法　根据织物外观及质地要求,先确定织物紧度,再按紧度计算公式求出织物的经纬密度。

B. 等紧度设计法　若新设计织物的组织和紧度与某被仿织物相同,则可利用等紧度设计法求出新设计织物的经纬密度,计算公式如下:

$$E_j = P_j d_j,\ E_{j1} = P_{j1} d_{j1},\ E_j = E_{j1}, \text{则}\ P_j d_j = P_{j1} d_{j1}$$

而 $d_j = k_j\sqrt{N_{tj}}$,　$d_{j1} = k_{j1}\sqrt{N_{tj1}}$

得 $P_{j1} = \dfrac{P_j K_j\sqrt{N_{tj}}}{K_{j1}\sqrt{N_{tj1}}}$,　同理 $P_{w1} = \dfrac{P_w K_w\sqrt{N_{tw}}}{K_{w1}\sqrt{N_{tw1}}}$

C. 相似织物设计法　两块织物的原料和组织相同,但织物重量要求不同,为使新织物的手感、质地、风格与原织物相仿,可采用相似织物设计法。它们的重量、密度与纱线的线密度关系如下:

$$\frac{G}{G_1} = \frac{P_{j1}}{P_j} = \frac{\sqrt{N_{tj}}}{\sqrt{N_{tj1}}}, \text{则}\ P_{j1} = \frac{GP_j}{G_1} = \frac{\sqrt{N_{tj}}P_j}{\sqrt{N_{tj1}}}$$

$$\frac{G}{G_1} = \frac{P_{w1}}{P_w} = \frac{\sqrt{N_{tw}}}{\sqrt{N_{tw1}}}, \text{则}\ P_{w1} = \frac{GP_w}{G_1} = \frac{\sqrt{N_{tw}}P_w}{\sqrt{N_{tw1}}}$$

**(4) 织造规格设计与计算**

① 织物的幅宽与匹长

$$\text{坯布幅宽(cm)} = \frac{\text{成品幅宽(cm)}}{1-\text{染整幅缩率}(\%)}$$

$$\text{钢筘幅宽(cm)} = \frac{\text{坯布幅宽(cm)}}{1-\text{织造幅缩率}(\%)} = \frac{\text{成品幅宽(cm)}}{[1-\text{染整幅缩率}(\%)]\times[1-\text{织造幅缩率}(\%)]}$$

$$\text{坯布匹长(m)} = \frac{\text{成品匹长(m)}}{1-\text{染整长度缩率}(\%)}$$

$$\text{整经匹长(m)} = \frac{\text{坯布匹长(m)}}{1-\text{织造长度缩率}(\%)} = \frac{\text{成品匹长(m)}}{[1-\text{染整长度缩率}(\%)]\times[1-\text{织造长度缩率}(\%)]}$$

② 织物缩率　由于织物的缩率与织物的用纱量(成本)、匹长、幅宽、面密度等设计项目有关,因此,设计产品时对缩率的测试应十分重视。

幅缩率分为织造幅缩率和染整幅缩率：

$$织造幅缩率(\%)=\frac{钢筘幅宽-坯布幅宽}{钢筘幅宽}\times 100$$

$$染整幅缩率(\%)=\frac{坯布幅宽-成品幅宽}{坯布幅宽}\times 100$$

长度缩率分为织造长度缩率和染整长度缩率：

$$织造长度缩率(\%)=\frac{经纱长度-坯布长度}{经纱长度}\times 100$$

$$染整长度缩率(\%)=\frac{坯布长度-成品长度}{坯布长度}\times 100$$

③ 总经纱根数计算

总经纱根数＝内经纱根数＋边经纱根数

内经纱根数＝成品内幅(cm)×成品经密(根/cm)＝
钢筘内幅(cm)×织造经密(根/cm)＝
钢筘内幅(cm)×筘号(筘齿数/cm)×筘穿入数(根/筘齿)

边经纱根数＝每边成品边幅(cm)×成品边纱经密(根/cm)×2＝
每边筘齿数×边筘穿入数(根/筘齿)×2

④ 穿筘设计

A. 每筘穿入数确定　每筘齿穿入的经纱根数称为筘穿入数。确定筘穿入数的原则是，既要保证织造的正常进行，又需考虑对织物外观与质量的影响，一般情况下以少为宜。

B. 筘号确定　筘是织造过程中控制上机经密的设备，筘号是表示筘的筘齿密度的量，有公制筘号和英制筘号之分。公制筘号是指每十厘米宽度内的筘齿数，丝织物生产中则采用每厘米宽度内的筘齿数，其单位是“羽/cm”；英制筘号是指每两英寸宽度内的筘齿数。在总经根数确定的条件下，根据筘号的大小可以计算出上机幅宽或筘幅：

$$W_3=\frac{总经根数-边经根数\times\left(1-\dfrac{d_s}{d_b}\right)}{d_s\times H}\times 10$$

式中：$d_s$——布身经纱的每筘齿穿入数(根/筘齿)；

$d_b$——布边经纱的每筘齿穿入数(根/筘齿)；

$H$——公制筘号(筘齿/10 cm)。

**(5) 织物重量与用纱量计算**

① 织物成品的重量计算　织物成品重量是下机坯布经过最后一道加工工序后的织物重量。

A. 全幅每米成品重量(g/m)＝每米成品的经纱重量(g/m)＋每米成品的纬纱重量(g/m)

$$每米成品的经纱重量(g/m)=\left\{\frac{内经根数\times 1\ m\times N_{tj}}{1\,000\times[1-经纱长度总缩率(\%)]}+\right.$$

$$\left.\frac{\text{边经根数}\times 1\ \text{m}\times N_{tj}}{1\,000\times[1-\text{经纱长度总缩率}(\%)]}\right\}\times[1-\text{重量损耗率}(\%)]$$

$$\text{每米成品的纬纱重量}(g/m)=\frac{\text{成品纬密}(\text{根}/cm)\times\text{筘幅}(cm)\times N_{tw}}{1\,000\times 100}\times[1-\text{重量损耗率}(\%)]$$

重量损耗率是指坯布经过整理后的重量变化。

$$\text{重量损耗率}(\%)=\frac{\text{坯布重量}(g)-\text{成品重量}(g)}{\text{坯布重量}(g)}\times 100$$

B. $\text{每平方米成品重量}(g/m^2)=\frac{100\times\text{全幅每米成品重量}(g/m)}{\text{成品幅宽}(cm)}$

C. $\text{真丝绸成品姆米数}(m/m)=\frac{\text{每平方米成品重量}(g/m^2)}{4.305\,6}$

D. $\text{每匹成品重量}(kg/\text{匹})=\frac{\text{全幅每米成品重量}(g/m)\times\text{匹长}(m)}{1\,000}$

② 坯布重量计算　坯布重量是指织物下机后未经任何后处理时的重量。

A. 每米坯布重量(g/m)= 每米坯布经纱重量(g/m)+每米坯布纬纱重量(g/m)

$$\text{每米坯布经纱重量}(g/m)=\frac{\text{内经根数}\times 1\ \text{m}\times N_{tj}}{1\,000\times[1-\text{经纱织造长度缩率}(\%)]}+\frac{\text{边经根数}\times 1\ \text{m}\times N_{tj}}{1\,000\times[1-\text{经纱织造长度缩率}(\%)]}$$

$$\text{每米坯布纬纱重量}(g/m)=\frac{\text{坯布纬密}(\text{根}/cm)\times 100\times\text{在机幅宽}(cm)\times N_{tw}}{1\,000\times 100}$$

B. $\text{每平方米坯布重量}(g/m^2)=\frac{\text{每米坯布重量}(g/m)}{\text{坯布幅宽}(cm)\times 100}$

C. 每匹坯布重量(kg/匹)=[每米坯布重量(g/m)×匹长(m)]/1 000

**(6) 布边设计**　布边由小边与大边两部分组成，小边在织物的最外侧，大边在小边与正身之间。

① 布边的作用与要求　布边应坚牢，外观平整，缩率与正身一致，利于织造和印染后整理加工的进行。

② 布边经纱选择　布边在织造、后整理过程中所承受的机械摩擦力比布身大得多，故布边经纱应选用布身经纱中强伸性、耐磨性好的一组为原料，并注意保持布边与布身的收缩性一致。

③ 布边的宽度与密度　在保证布边作用的前提下，布边宽度以窄为宜。布边的宽度一般为正身幅宽的 0.5%～1.5%，在 0.5～2 cm 之间。

④ 布边组织　小边组织采用绞边纱罗组织（无梭织机）或平纹和经重平（有梭织机）。大边组织根据经纬纱的线密度、经纬密度、织物组织等因素，可采用平纹及$\frac{2}{2}$或$\frac{3}{3}$等经重平、

纬重平和方平等组织。

⑤ 边组织上机　当布边经纱的运动规律与布身经纱相同时，可采用布身的综框来制织布边；当布边经纱的运动规律与布身经纱不同时，采用 2～4 片综框来制织布边。一般情况下，布边筘号与布身筘号相同，此时由于布边经密一般等于或大于布身经密，故边纱的筘穿入数等于或稍大于布身的筘穿入数。当布身经密较大时，为使边筘齿在边经的压力下不易变形，边筘齿片应比布身厚实，故边筘号一般控制在 16 齿/cm 以内，此时可增加边纱筘穿入数来保证布边经密。

## 技能训练与能力拓展

**1. 已知纯棉细平布的经纬纱线密度为 19.5 tex×19.5 tex，测得 5 cm 内经纬纱根数分别为 135 根和 118 根，(1)求该织物的公制经密和纬密；(2) 换算成英制经密和纬密。**

(1) 公制经密＝135×2 ＝ 270(根/10 cm)
　　公制纬密＝118×2＝236(根/10 cm)
(2) 英制经密＝(270/10)×2.54＝69(根/英寸)
　　英制纬密＝(236/10)×2.54＝60(根/英寸)

**2. 讨论纱线在织物中的强力利用系数。**

在织物拉伸过程中，经纬纱线在交织点处产生挤压，使交织点处经纬纱间的切向滑动阻力增大，这有助于织物强力增加，还有降低纱线强伸性质不匀的作用。因此，在一般情况下，条样法测得的织物断裂强力大于受拉系统的各根纱线的强力之和，即强力利用系数大于 1。在短纤维纱且捻度较小的条件下，强力利用系数的提高比较明显。

如果织物紧度或排列密度过大，或织物中各根纱线的强力有不匀，或纱线在织造过程中有过多的损伤，尤其在纱线捻系数过大(接近甚至超过临界捻系数)时，交织点处挤压的补偿作用不能弥补纱线的强力损伤或残余应力，则织物中的纱线强力利用系数小于 1。

**3. 讨论织物悬垂性与其弯曲刚度的关系。**

织物的悬垂系数与织物厚度、面密度的关系不明显，与织物的弯曲刚度特别是织物纬向弯曲刚度呈显著正相关，也就是说织物的纬向弯曲刚度越大，织物的悬垂系数越大；悬垂系数与经纬向活络率呈负相关，即活络率越大，悬垂系数越小，悬垂性越好。

**4. 简述织物中游离甲醛含量测试的基本原理。**

织物中游离甲醛含量测试常采用水萃取法，试样在 40℃水浴中萃取一定时间，萃取液用乙酰丙酮显色后，在 412 nm 波长下，用分光光度计测定甲醛的吸光度，并对照标准甲醛工作曲线，计算出样品中甲醛的含量。

**5. 试分析影响织缩率的因素，如何有效地确定织缩率的大小？**

(1) 纤维原料：不同原料的纱线在外力作用下的变形性能不同，对织造缩率的影响也不同，易于屈曲的纱线，其织缩率一般较大。

（2）经纬纱细度：一般来说，粗特纱织物的织缩率大；同一织物中，经纬纱细度不同时，细特纱易于屈曲，其织缩较大。

（3）经纬纱密度：密度大的织物，其织缩率一般大于密度小的织物；同一织物中，密度大的纱线，屈曲波高大，其织缩率大，反之则织缩率小。

（4）织物组织：平均浮长短的织物，纱线的屈曲次数多，织缩大。

（5）纱线结构：纱线捻度大小、上浆率高低等因素都会影响纱线的刚度，刚度大的纱线不易屈曲，织缩小。

（6）织造工艺参数：上机张力、开口时间、后梁高低、纬纱张力等织造工艺参数都会影响经纬纱的张力，从而影响它们的缩率。

**6. 简述双绉与乔其织物的特征。**

双绉和乔其是丝织物中的绉类产品。双绉的结构特点为：经丝无捻或弱捻，纬丝为强捻且以Z捻和S捻两两交替织入，精练后使绸面产生隐约而细微均匀的皱纹；双绉的风格特征是质地蓬松柔软，弹性好，绸面微皱，光泽自然柔和，轻薄凉爽。乔其的结构特点为：经纬丝均采用股线，两根Z捻和两根S捻相间排列，精练后绸面微微起皱；乔其的风格特征是外观稀薄有细皱纹，轻盈飘逸，光泽自然柔和，手感柔软，弹性好。

**7. 简述市售牛津布的种类与特征。**

市售牛津布主要有套格、全弹、提格等品种。

（1）套格牛津布　经纬线都采用150D/36F涤纶FDY，平纹，采用喷水织机织成，经纬密度为360根/10 cm×210根/10 cm，坯布经松弛、碱减量、染色、防静电、涂层等处理，具有质地轻薄、防水、耐用等优势，用于制作各类箱包。

（2）锦纶牛津布　经线采用200D锦纶空变丝，纬线采用160D锦纶空变丝，平纹，经喷水织机织造而成，坯布经染整、涂层处理，具有手感柔软、悬垂性强、风格新颖、防水等优点，布面具有锦纶丝的光泽感观效应，主要用于制作防汛防雨用品。

（3）全弹牛津布　经纬丝都采用300D涤纶DTY丝，选用粗点变化透孔组织，由喷水织机织成，坯布经松弛、精练、预定形、碱减量、柔软处理，反面以橡塑涂层，其织纹细腻，光泽柔和，防水性好，主要制作箱包。

（4）提格牛津布　经丝采用400D涤纶DTY网络丝，纬丝采用400D涤纶DTY丝，采用提格组织纹理，由喷水（带龙头）织机织成。面料设计新颖，工艺独特，正面格纹凸现，立体感强，同时在反面采用涂层（PU）工艺，使其防水性更强，悬垂性更好，是制作各种箱包的优质材料。

**8. 用具体数据设计织物工艺规格单。**

**某织物设计工艺规格单**

织物名称：色织物
总经根数：6 940根；边纱根数：24根；边纱纱号：A
整幅花型数：215 ；加头根数：12根

（续 表）

| |
|---|
| 成品幅宽：160 cm<br>经纱密度：433 根/10 cm；纬纱密度：276 根/10 cm<br>经纱紧度：59.95％；纬纱紧度：35.10％；总紧度：74.00％<br>织造幅缩：5.00％；织造长缩：5.00％<br>上机幅宽：168 cm<br>上机经密：411 根/10 cm；上机纬密：262 根/10 cm<br>经纱米重：102.27 g/m；纬纱米重：79.90 g/m<br>坯布米重：182.17 g/m<br>筘号：69.05 号（英制）；穿入数：3 根/筘齿 |
| 经纱纱线排列：6A2B2A4C2A2B8A6B<br>加头纱线排列：6A2B2A2C<br>纬纱纱线排列：6A2B2A4C2A2B8A |

**9. 简述超细纤维在织物设计中的应用。**

超细纤维适用于织造高舒适织物，具有高附加价值。特别是聚酯超细纤维，具有手感柔软、悬垂性好、透气吸湿、蓬松丰满等优点。服装面料一般根据品种采用不同细度的细旦、超细纤维。如仿真丝产品，一般采用 0.55～1.1 dtex（0.5～1D）的异形截面涤纶细旦纤维；桃皮绒织物采用小于 0.33 dtex（0.3D）的超细长丝或复合丝；仿麂皮织物采用 0.11～0.22 dtex（0.1～0.2 D）的超细涤纶长丝作为织物的毛绒层，经浸轧聚氨酯和磨光整理，具有高档麂皮风格。

运用棉、毛、丝、麻等天然纤维作经纱，以超细纤维为纬纱进行交织，采用超高收缩、高密度织物的加工技术，可制成功能和高质感兼备的新产品，其特点是柔软的手感、独特的显色性、优异的透湿透气和防水性及优良的防羽绒性和干燥速度等。

**10. 简述从纱线形态、组织结构、织物表面起花、后整理技术等方面开发新产品的思路。**

例如运用花式线、强捻纱、复合纱，或采用多种原料混纺、交织，充分发挥各种纤维的优势。多种纤维混纺或交织，可使各种纤维取长补短、优势互补，既能提高新产品的穿着性，又能保持生产成本上的竞争性。

采用复合组织与疏松组织结构、起绉组织和绣花、贴花、剪花、烂花、提花、起绒、植绒等织物表面起花方式以及防皱整理、生物酶整理、涂层复合整理、超级柔软整理、磨绒整理、功能整理等后整理技术开发机织物新产品。

**11. 简述液氨整理技术、生物酶技术对织物性能的影响。**

采用液氨整理技术可开发抗皱织物。织物经液氨整理后，具有缩水率小、尺寸稳定、手感柔软、弹性好、洗可穿等优点。如纯棉细特府绸织物，经液氨整理，既利于防绉，且手感柔糯，还具有仿丝绸效果。同时，液氨整理对环境的污染小，与树脂防绉整理相比，更符合环境保护的要求。

生物酶技术在产品开发中已得到广泛应用。如应用蛋白酶、果酸酶、纤维酶去除蚕丝、麻、棉纤维中的杂质的除杂技术，应用淀粉酶的退浆技术，应用酶处理印染残留物的技术以及牛仔服装的生物酶整理技术，都大大改善了织物的外观和手感，提高了穿着的舒适性。

**12. 某棉织物规格为14×2×32×320×280，其数值分别表示什么？试计算其经纬向紧度。(棉纱线的直径经验计算式为 $d=0.037\times\sqrt{N_t}$)**

表示经纱细度为 14 tex×2，纬纱细度为 32 tex，经密为 320 根/10 cm，纬密为 280 根/10 cm。

经向紧度 $E_T = M_T \times d_T = 320 \times 0.037 \times 5.29 = 62.65\%$

纬向紧度 $E_W = M_w \times d_w = 280 \times 0.037 \times 5.66 = 58.61\%$

**13. 何谓劈花？色织物工艺设计中如何进行劈花工艺设计？**

(1)色织物工艺设计中，确定经纱配色循环的起迄点位置即为劈花，对花型完整性要求较高的品种，应尽可能使全幅花数为整数；

(2)格型、花型较大的产品，如格府绸，应选择色泽较浅、宽度较宽的条形处劈花，尽可能使两边的花型和配色对称，使织物美观，并便于拼幅和拼花；

(3)劈花应选择组织较紧密的条纹处作为起迄位置；

(4)劈花时，应注意全幅各花组织对穿筘的要求，劈花应以整幅筘齿作为单元。

**14. 某织物花纹配色循环的色经排列规律为：**

| 黄 | 黑 | 红 | 紫 | 黑 | 红 | 黄 | 黑 | 黄 | 白 |
|---|---|---|---|---|---|---|---|---|---|
| 4 | 40 | 8 | 4 | 9 | 9 | 8 | 40 | 4 | 60 |

**全幅共10花，请进行劈花。**

根据劈花原则，可从白色经纱60根的1/2处进行劈花，劈花结果为：

| 白 | 黄 | 黑 | 红 | 紫 | 黑 | 红 | 黄 | 黑 | 黄 | 白 |
|---|---|---|---|---|---|---|---|---|---|---|
| 30 | 4 | 40 | 8 | 4 | 9 | 9 | 8 | 40 | 4 | 30 |

调整后，布幅两侧的花纹对称匀整，拼幅后能构成完整的条(格)形，较为理想。

**15. CVC 70/30×100%DTY $40^s$×120/72F×200×160×30×4×120×224 表示怎样的织物规格？**

该规格表示织物匹长为 30 m，4 联匹；织物幅宽为 120 cm，面密度为 224 g/m²；织物经密为 200 根/英寸，纬密为 160 根/英寸；经纱为涤纶含量为 30%、棉含量为 70%的涤/棉混纺纱，细度为 40 英支；织物纬纱为 72 根单丝组成的细度为 120 D 的涤纶 DTY 长丝。

**16. 简述经纬纱捻向和织纹的关系。**

经纬纱捻向与组织配合对织物外观有很大的影响，尤其是与斜纹组织配合，既可以突出斜线纹路，也可以使斜纹效果不明显。

(1) $\frac{2}{1}$经面右斜纹的经纱采用 S 捻或$\frac{2}{1}$经面左斜纹的经纱采用 Z 捻，可得到明显的斜纹效应。

(2) $\frac{2}{2}$经面右斜纹的经纱采用 S 捻或$\frac{2}{2}$经面左斜纹的经纱采用 Z 捻，斜纹效应明显。

(3) $\frac{3}{1}$经面右斜纹的经纱采用 S 捻或$\frac{3}{1}$经面左斜纹的经纱采用 Z 捻，斜纹效应明显。

(4) $\frac{5}{2}$纬面缎纹，纬纱采用 S 捻时织物表面的斜纹效应不明显；$\frac{5}{3}$纬面缎纹，纬纱采用 Z 捻时织物表面略显斜纹效应。

(5) $\frac{5}{2}$经面缎纹，经纱采用 S 捻时织物表面有清晰的斜纹效应；$\frac{5}{3}$经面缎纹，经纱采用 Z 捻时织物表面有清晰的斜纹效应。

**17. 绘制$\frac{1\quad 2\quad 1}{1\quad 1\quad 2}$变化方平组织图。**

(1) 计算 $R_j$ 与 $R_w$，$R_j = R_w = R =$ 分子 + 分母 $= 1+1+2+1+1+2 = 8$；

(2) 画出组织图范围，如图 3-7(a)；

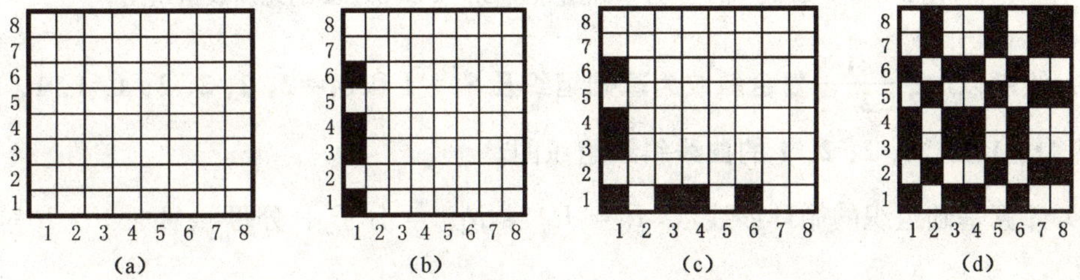


**图 3-7 $\frac{1\quad 2\quad 1}{1\quad 1\quad 2}$变化方平组织图**

(3) 在方格纸的边框线内，按分式表示的交织规律填绘经纱 1，如图 3-7(b)；

(4) 凡纬纱 1 上是经组织点的经纱，均按经纱 1 的交织规律填绘，如图 3-7(c)；

(5) 其余各根经纱均按与经纱 1 相反的交织规律填绘，图 3-7(d)为完整的组织图。

**18. 绘制$\frac{4}{2}$↗ 加强斜纹组织图。**

(1) 计算 $R_j$ 与 $R_w$，$R_j = R_w = R =$ 分子 + 分母 $=4+2=6$；

(2) 画出组织图范围，如图 3-8(a)；

(3) 在经纱 1 上按分式表示规律填绘组织点，如图 3-8(b)；

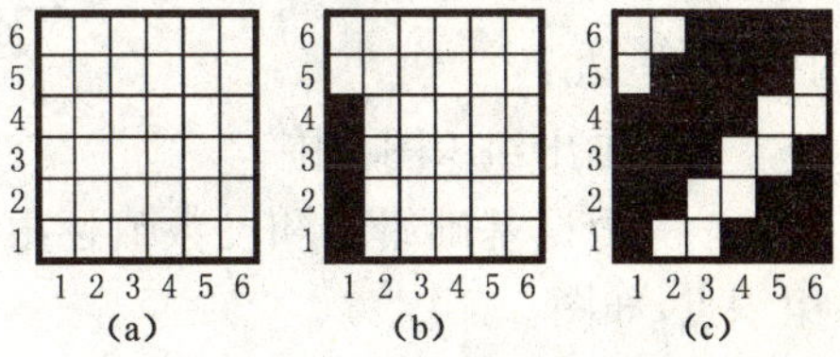


**图 3-8 $\frac{4}{2}$↗ 加强斜纹组织图**

(4) 按箭头方向，根据 $S_j = +1$ 和 $S_w = +1$，填绘经纱 2 至 6 的组织点，如图 3-8(c)。

**19. 绘制以$\frac{4\quad 4\quad 1}{3\quad 2\quad 2}$↗ 为基础组织及 $S_j=2$ 和 $S_w=1$ 的急斜纹组织图。**

(1) 计算基础组织的循环纱线数，$R =$ 分子 + 分母 $= 4+3+4+2+1+2 = 16$；

(2) 计算 $R_j$ 与 $R_w$，$R_w =$ 分子 + 分母 $= 4+4+1+3+2+2 = 16$；

$$R_j = \frac{\text{基础组织的循环纱线数}}{\text{基础组织的循环纱线数与 } S_j \text{ 的最大公约数}} = \frac{16}{16\text{ 与 }2\text{ 的最大公约数}} = \frac{16}{2} = 8;$$

(3) 画出组织图范围，如图 3-9(a)；

(4) 在经纱 1 上按分式表示规律填绘组织点，如图 3-9(b)。

(5) 沿箭头方向，根据 $S_j=+2$ 和 $S_w=+1$，填绘经纱 2 至 13 的组织点，如图 3-9(c)。

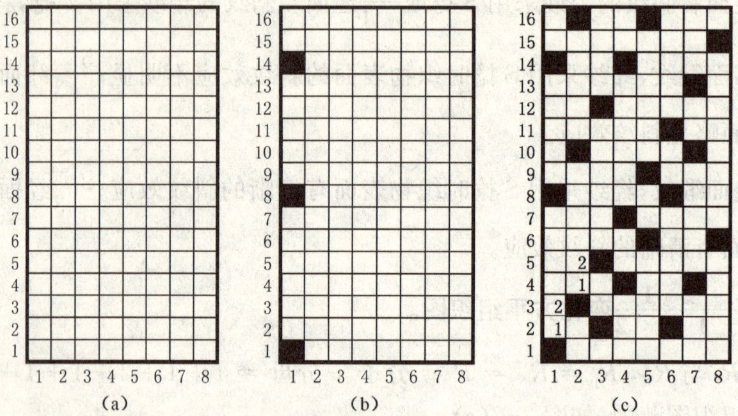


图 3-9　$\frac{4\quad 4\quad 1}{3\quad 2\quad 2}\nearrow$ 为基础组织及 $S_j=2$ 和 $S_w=1$ 的急斜纹组织图

**20. 绘制以$\frac{4\quad 1\quad 1}{2\quad 2\quad 3}$复合斜纹为基础组织及 $S_w=1$ 和 $S_j=2, 2, 2, 2, 1, 1, 1, 1, 0, 1, 0, 1, 1, 1, 1, 2, 2, 2, 2, 1$ 的曲线斜纹组织图。**

(1) 计算基础组织的循环纱线数，$R=R_{jj}=R_{jw}=$ 分子 + 分母 $=4+1+1+2+2+3=13$；

(2) 计算 $R_j$ 与 $R_w$，$R_j=S_j=20$；$R_{max}=2<$ 分式中的最长浮线 4，则确保曲线连续。$\sum S_j=26=13\times 2$，而且，经向飞数值之和为基础组织循环纱线数的整数倍，使组织图正好首尾衔接，$R_w=R_{jw}=\sum S_j=13\times 2=26$；

(3) 画出组织图范围；

(4) 根据基础组织和飞数值逐根填绘组织点，如图 3-10。

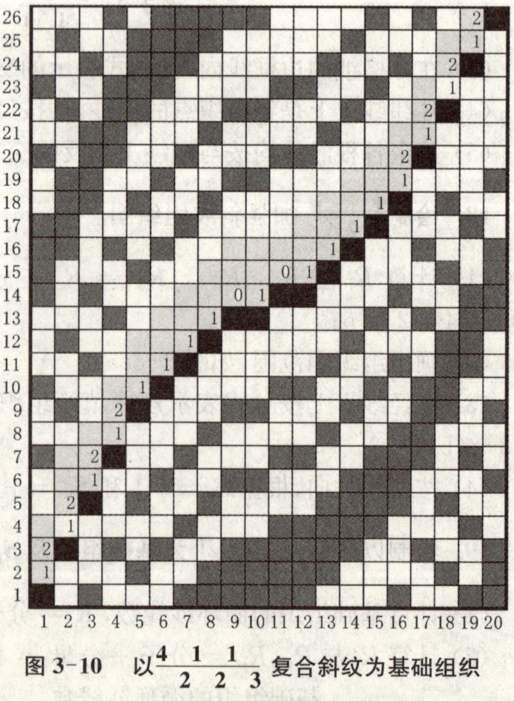

图 3-10　以$\frac{4\quad 1\quad 1}{2\quad 2\quad 3}$复合斜纹为基础组织的曲线斜纹组织图

**21. 绘制以$\frac{3\quad 1\quad 2}{3\quad 2\quad 1}$复合斜纹为基础组织及 $K_j=6$ 的经破斜纹组织图。**

(1) 计算基础组织的循环纱线数，$R=R_{jj}=R_{jw}=$ 分子 + 分母 $=3+1+2+3+2+1=12$；

(2) 计算经破斜纹的组织循环纱线数，

$R_j = 2K_j = 2 \times 6 = 12$，$R_w = R_{jw} = 12$；

(3) 画出组织图范围，如图 3-11(a)；

(4) 经纱 1 到 $K_j$，按 $S_j = +1$ 和 $S_w = +1$ 顺序填绘基础组织，见图 3-11(a)；

(5) 从经纱($K_j + 1$)开始，以断界 $K_j$ 为对称轴进行“底片翻转”，如图 3-11(b)。

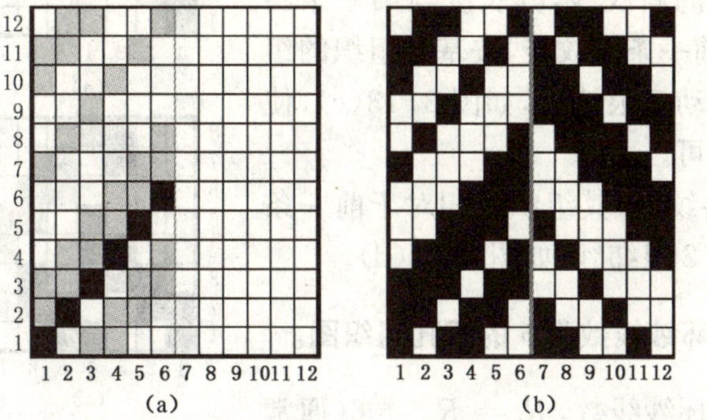

**图 3-11　以$\frac{3\quad 1\quad 2}{3\quad 2\quad 1}$复合斜纹为基础组织及 $K_j = 6$ 的经破斜纹组织图**

**22. 绘制以$\frac{2\quad 1}{2\quad 1}\nearrow$为基础组织及 $K_j = K_w = 6$ 的破菱形斜纹组织图。**

(1) 计算破菱形斜纹的组织循环纱线数，$R_j = 2K_j = 2 \times 6 = 12$，$R_w = 2K_w = 12$；

(2) 画出组织图范围，如图 3-12(a)；

(3) 根据 $K_j$ 与 $K_w$，画菱形斜纹的基础部分，如图 3-12(b)；

(4) 以 $K_j$ 为对称轴作经破斜纹；

(5) 以 $K_w$ 为对称轴，将经破斜纹上下翻转，绘其对称组织点，构成破菱形斜纹组织图，如图 3-12(c)。

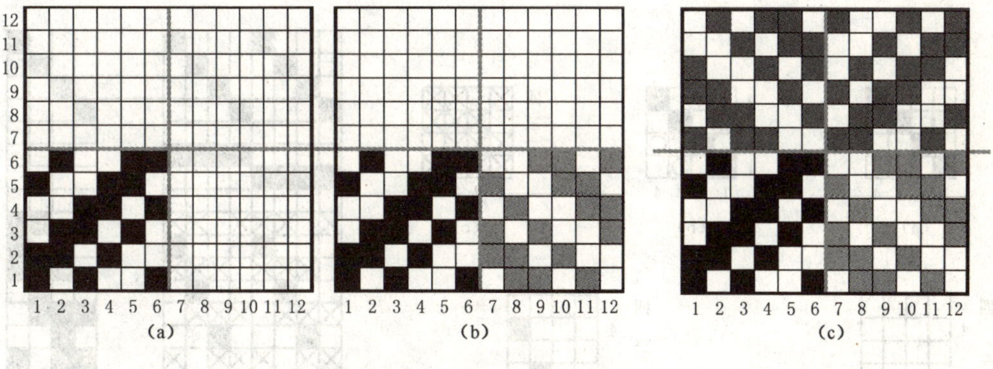

**图 3-12　破菱形斜纹组织图**

**23. 绘制以$\frac{2}{2}$加强斜纹为基础组织且同方向具有 3 条平行斜纹线的芦席斜纹组织图。**

(1) 计算芦席斜纹的组织循环纱线数，$R_j = R_w =$ 基础组织的循环纱线数 × 同一方向的平行斜纹线条数 = (分子 + 分母) × 3 = 4 × 2 = 8；

(2) 把一个组织循环沿经向分为相等的两部分，然后在左半部分从左下角开始，按基础组织描绘第一条斜纹线，如图 3-13(a)；

(3) 在右半部分，从第一条斜纹线的顶端向上移动基础组织的连续组织点数（本例为 2），并以此为起点，向下画相反方向的斜纹线，如图 3-13(b)；

(4) 绘其他右斜的斜纹线，其长度与第一条斜纹线相同，且相对于前一条斜纹线，按基础组织的组织点规律向右下方移动 2 根纬纱，如图 3-13(c)，使左右斜纹线不连续即可。

绘其他左斜的斜纹线，其组织点相对于前一条斜纹线向右上方移动 2 根纬纱，如图 3-12(d)。

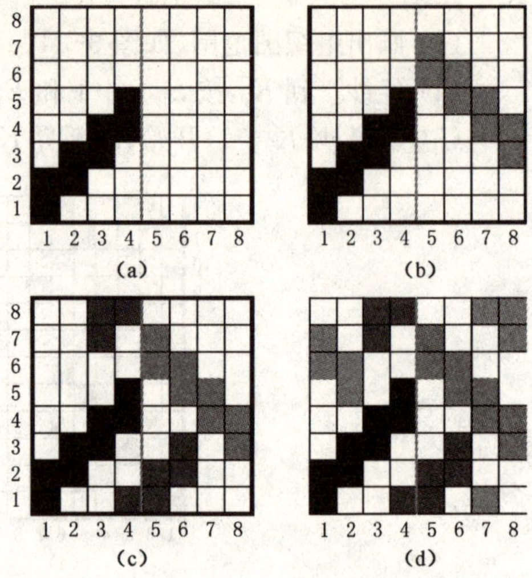


**图 3-13　芦席斜纹组织图**

**24. 绘制组织循环纱线数为 6 的透孔组织图。**

(1) 确定组织循环纱线数，$R_j = R_w = 6$（通常取 6 或 10 或 14，也可取 8）；

(2) 将组织循环划分成田字形的四等份，每一等份的经纬纱数通常为奇数，如图 3-14(a)；

(3) 先在左下角的区域内填绘平纹，再将偶数经（或纬）纱全部改成经组织点（或纬组织点），如图 3-14(b)；

(4) 按“底片翻转”关系填绘其他三个区域，如图 3-14(c)。

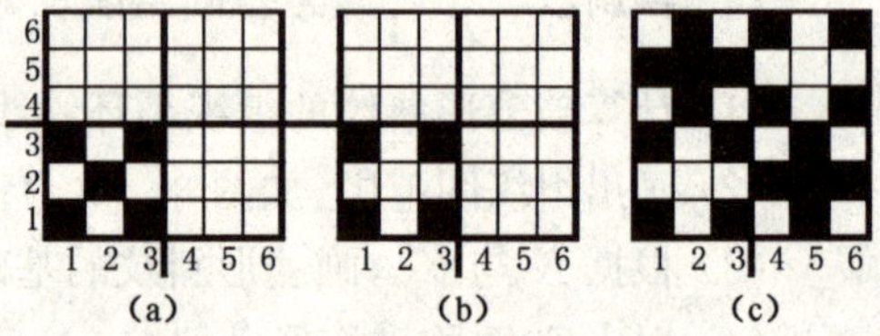


**图 3-14　$R_j = R_w = 6$ 的透孔组织图**

**25. 绘制正反均为$\frac{1}{3}\nearrow$、表里纬纱排列比为1**

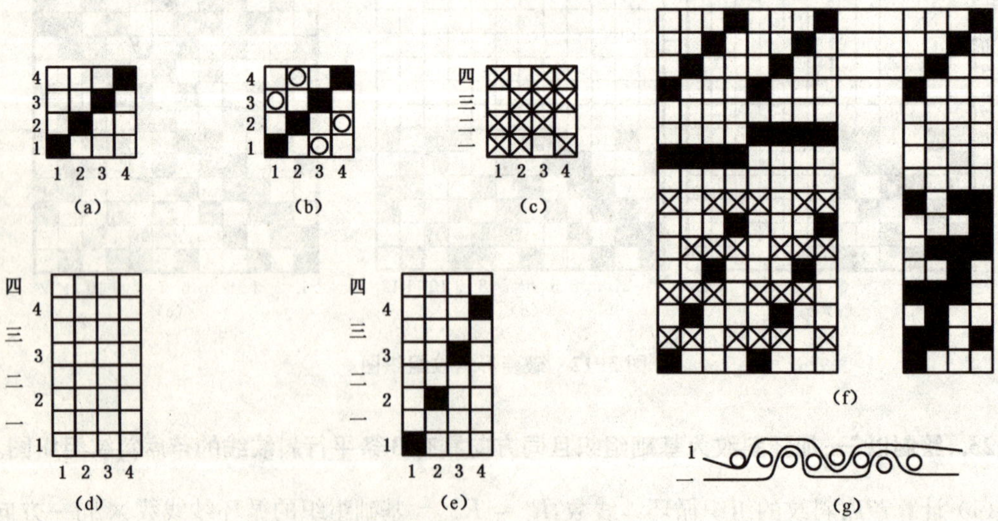


**图3-15　纬二重组织图**

# 实训项目四

# 纺纱工艺

## 实训目标

**实训任务**

通过实习，熟悉纺纱工艺流程、各工序主要任务、常用设备型号及组成机构、主要工艺的选择与设计，熟悉纺纱各工序质量指标。

**知识目标**

1. 熟悉纺纱工艺流程、各工序主要任务、纺纱半制品及成品的主要质量指标；
2. 掌握不同产品的成纱要求和纺纱工艺要点。

**能力目标**

1. 会进行纺纱工艺设计；
2. 会说明主要纺纱工艺参数的确定理由，并能根据要求进行纺纱工艺变更。

## 知识梳理

### 一、纺纱工艺流程

棉纺厂由于生产品种不同，其纺纱生产工艺不同，一般分为纯棉纺纱、化纤及其混纺纺纱、色纺纱和新型纺纱等。

**1. 纯棉纱工艺流程**

分为普梳纱与精梳纱工艺流程。

**(1) 普梳纱工艺流程**

开清棉→梳棉→并条(2 道并条)→粗纱→细纱→后加工(包括络筒、并纱、捻线)

(清梳联)

**(2) 精梳纱工艺流程**

开清棉→梳棉→预并条→条并卷(条卷)→精梳→并条(1 道或 2 道)→粗纱→

(清梳联)

细纱→后加工(包括络筒、并纱、捻线或倍捻)

**2. 混纺纱(以涤/棉混纺为例)工艺流程**

棉:清棉→梳棉→预并条→条卷并→精梳→混并条(头并、二并、三并)→粗纱→细纱→后加工

(清梳联)

涤:清棉→梳棉→预并条

纺涤/黏纱时,由于两种纤维的性能差异较大,一般采用清棉与梳棉单独处理,在并条机上混条,经2道混并条→粗纱→细纱→后加工。

**3. 新型纺纱工艺流程**

**(1) 转杯纺工艺流程**

① 开清棉→梳棉→并条(头并、二并)→转杯纺

(清梳联)

② 清梳联→单程并条→转杯纺

一般,粗中线密度纱并条可用单并工艺;纺中细线密度纱时,因组成纱的纤维根数较少,以采用2道并条工艺为好。转杯纺生产混纺纱时,因由两种以上的纤维混合,从提高混合均匀度出发,应采用2道并条工艺。

**(2) 喷气纺工艺流程**

开清棉→梳棉→并条(头并、二并、三并)→喷气纺

(清梳联)

喷气纺纱属包缠纱结构,内层纤维基本不加捻,故其成纱强力较低,从提高纤维伸直平行度方面考虑,应多经1道并条。喷气纺生产混纺纱时,应采用3道并条工序。

**4. 色纺纱与半精纺纱工艺流程**

**(1) 色纺纱工艺流程** 色纺纱随着有色纤维含量不同,其生产工艺有区别。当色纤维的含量较低时(1.5%~5%),可采用抓包机混棉,其工艺流程与纯棉普梳或精梳基本相同。当色纤维含量较高时,多数采用色棉与白棉分别成卷制条,在并条机上混合,经2~3道并条工艺。

色纺一般不采用清梳联合机而用传统的开清棉→梳棉机,其基本工艺流程如下:

① 普梳色纺纱

白棉 → 开清棉 → 梳棉

色棉 → 开清棉 → 梳棉

→ 并条(2~3道)→粗纱→细纱→络筒

② 精梳色纺纱

白棉 → 开清棉 → 梳棉 → 预并条 → 精梳(部分精梳条染色)

色棉(精梳染色棉) → 开清棉 → 梳棉

→ 并条(2~3道)→

粗纱→细纱→络筒

**(2) 半精纺纱工艺流程** 半精纺也是一种色纺纱，它与棉色纺纱的主要区别是使用纤维种类较多，有羊毛(包括羊绒)、麻(苎麻、亚麻)、绢丝及化纤等，其产品风格介于精毛纺与粗毛纺之间，故称为“半精纺纱”。

半精纺纱工艺是一种毛纺与棉纺相结合的创新型纺纱工艺，其基本工艺流程为：

原料开松混合→进和毛仓堆仓养生→打包→
- ① 喂毛斗接梳棉机→并条(2～3道)→粗纱→细纱→络筒、并纱、倍捻
- ② 开清棉→梳棉机→并条(2～3道)→粗纱→细纱→络筒、并纱、倍捻

## 二、配棉

配棉是纺纱工程的前期工作，即根据纺纱实际要求，合理选择多种原棉搭配使用，以充分发挥不同原棉的特点，从而达到提高产品质量、稳定生产、降低成本的目的。

### (一) 配棉目的

(1) 合理使用原棉，满足纱线产品的实际要求；
(2) 保持生产和成纱质量的相对稳定；
(3) 节约用棉，降低原棉成本。

### (二) 配棉依据

**1. 棉纱的种类与要求**

棉纺厂为满足社会需求进行多品种生产，不同品种纱线对原棉性质的要求见表4-1。

**表4-1 不同产品用途对原棉性质的要求**

| 项目 | 类别 | 对原棉主要性质的要求 | 混合棉品级、长度范围 |
|---|---|---|---|
| 成纱细度 | 特细、细特纱 | 长绒棉或原棉品级高，纤维细长，含杂和含短绒较少 | 1.7～2.5级，29.4～30.4 mm |
| | 中、粗特纱 | 比上述要求可低些，可混入部分低级棉和再用棉 | 2.4～3.9级，8.4～29 mm |
| 纺纱系统 | 精梳纱 | 纤维长度长、品级高、成熟度适中、含水率低、轧工较好(棉结少)的原棉 | 1.9～2.1级，29～29.8 mm |
| | 粗梳纱 | 纤维长度较精梳纱短，品级适中 | 1.9～2.5级，8.4～29.4 mm |
| 成纱股数 | 单纱 | 原棉品级较高，短绒率较低，纤维强力较高 | 与成纱细度有关 |
| | 股纱 | 成纱细度相同时，原棉品级可较低，短绒率和含杂率较高，纤维强力可低些 | 与成纱细度有关 |
| 经纱纬纱 | 经纱 | 纤维细长，成熟度适中，强力较高，原棉结杂质可允许稍高 | 与成纱细度有关 |
| | 纬纱 | 原棉棉结杂质少，纤维可粗而短，纤维强力可稍低，外观手感好 | 与成纱细度有关 |

续 表

| 项目 | 类别 | 对原棉主要性质的要求 | 混合棉品级、长度范围 |
|---|---|---|---|
| 织物密度 | 高密 | 原棉品级高，短绒率、含水率低，纤维细长，强力高 | 与成纱细度有关 |
| | 一般密度 | 比高密度织物的原棉要求较低 | 与成纱细度有关 |
| 加工方法 | 染色 | 原棉品级较高，纤维成熟度较好，含有害疵点较少 | 与成纱细度有关 |
| | 漂白 | 原棉品级可低些 | 与成纱细度有关 |
| | 印花 | 对原棉品级要求较低，可配用部分低级棉 | 与成纱细度有关 |
| 纱线用途 | 针织纱 | 原棉品级较高，棉结杂质小而少，产区稳定，纤维较细长，单强较高 | 2.1～2.6级，28～29 mm |
| | 起绒纱 | 纤维粗而短，可混用部分低级棉或精梳落棉 | 3.3～4.3级，27～28 mm |
| | 毛巾纱 | 纤维细而长，单强较高，原棉含短绒率可低些 | 3.3～4.3级，28～29 mm |

**2. 成纱的质量指标**

**(1) 纱线的主要质量指标** 表达纱线性能与质量的指标有纱线的粗细程度(细度)及其不匀、强度及强力不匀、长短片断均匀度(质量不匀与条干不匀)、棉结杂质、捻度及捻度不匀、毛羽指数(或根数)、常发性与偶发性纱疵等，混纺纱还包括混纺比差异。

**(2) 纱线的其他质量指标** 单位重量(克)纱线的棉结/棉杂结粒数、十万米纱疵、混纺比、纱线毛羽、纱线回潮率、纱线色牢度与色差。

## (三) 配棉方法

**1. 原棉的分类**

原棉分类时，先安排特细特和细特纱，后安排中、粗特纱；先安排重点产品，后安排一般或低档产品，同时注意原棉资源、气候条件、机械性能、原棉性质差异等问题。

**2. 排队**

排队时应注意主体成分、队数与混用百分率、交叉抵补、勤调少调等问题。

**3. 原棉性质差异的控制**

配棉时，原棉性质差异不应太大，具体控制范围见表4-2。

**表4-2 原棉性质差异控制范围**

| 控制内容 | 混合棉中原棉性质差异 | 接批原棉性质差异 | 混合棉平均性质差异 |
|---|---|---|---|
| 产地 | | 相同或接近 | 地区变动 ≤25%<br>(针织纱 ≤15%) |
| 品级 | 1～2 | 1 | 0.3 |

续 表

| 控制内容 | 混合棉中原棉性质差异 | 接批原棉性质差异 | 混合棉平均性质差异 |
|---|---|---|---|
| 长度 | 2～4 mm | 2 mm | 0.2～0.3 mm |
| 含杂率 | 1%～2% | 1%以下，疵点数接近 | 0.5%以下 |
| 细度 | 0.07～0.09 dtex | 0.12～0.15 dtex | 0.02～0.06 dtex |
| 断裂长度 | 1～2 km | 接近 | 不超过 0.5 km |

注：混合棉平均性质可按混合棉中各原棉性质和混用重量百分率加权平均计算。

**4. 回花和再用棉的使用**

回花经处理打包后可以与混合棉混用，但混用量不宜超过5%。斩刀花一般降级混用，精梳落棉在粗特纱中混用5%～20%，在中特纱中可混用1%～5%。

## （五）化学纤维原料的选配

**1. 选配的目的**

提高产品的质量和服用性能，增加花色品种，改善可纺性能，降低产品成本。

**2. 化纤品种的选择和混比确定**

**(1) 化纤纯纺** 单唛纺不易产生色差，多唛纺时必须进行染色试验，按色泽深浅程度排队，供选配时参考。

**(2) 化纤混纺** 主要品种有涤/黏纱、涤/腈纱等。随着新型纤维的出现，采用两种及两种以上纤维混纺而成的纱线不断出现。

**(3) 棉与化纤混纺** 主要品种有涤/棉纱、腈/棉纱、维/棉纱、黏/棉纱等。棉起到提高产品吸湿性、可纺性和服用性能的作用。

**(4) 混纺比的确定** 混纺纱的常用混比有50/50、55/45、60/40、65/35，也有部分产品采用20/80、30/70等。比例多的纤维，其纤维性质对纱线性质的影响较大。混纺比例的确定主要考虑成本、强力、织物要求及纺纱性能等因素。

**3. 化纤原料性质的选配**

**(1) 长度和线密度** 化学纤维的长度和线密度相互配合可构成棉型、中长型、毛型等不同规格。棉型纤维常用于生产细特纱和质地较紧密的薄型织物；中长型纤维常用于生产中特纱和质地较厚的毛型风格织物。

**(2) 强度和伸长率** 应选断裂伸长率相近的纤维进行混纺，对提高成纱强度有好处。

**(3) 与成纱结构有关的纤维性质** 两种纤维混纺时，纤维细长、卷曲小、初始模量低的纤维容易分布在纱条的内层，纤维粗短、卷曲大、初始模量高的纤维易分布在纱条的外层。

**(4) 热收缩性** 多唛混用时，应使不同型号纤维的热收缩性相接近，避免成纱在蒸纱定捻时或印染加工受热后产生不同的收缩率，造成印染品出现布幅宽窄不一，形成条状皱痕。

**(5) 色差** 原纱色差会使印染加工染色不匀，产生色差疵布。在化纤配料时，对染色性能差异大的原料，应找出合适的混纺比，减少原料的白度差异。

## （六）原料的混合

### 1. 混料方法

生产中常用的混合方法如下：

**(1) 棉包混合**　将配棉表所规定的各种成分的棉包，按排包图置于抓棉机的平台上，再经抓棉机打手抓取的混合方法，称为棉包混合，适用于纯棉纺纱、纯化纤纺纱、化纤混纺纱。

**(2) 条子混合**　此方法有利于控制混纺比，混合均匀，需经过 3 道并条工艺。

**(3) 称重混合**　适用于混纺比要求较高的化纤混纺。

**(4) 两步法混合**　对于含有可纺性差的化学纤维的混纺，可先用少量的可纺性差的纤维（如丙纶）与其他纤维混纺，制成混纺条，再与另一种纤维按既定比例进行条子混合。此法既保证了混纺比准确又提高了可纺性，但生产管理麻烦。

### 2. 配料计算

**(1) 混纺比的计算**

① 棉包混合、称量混合时的混比计算　化纤混纺时以干重为准，根据设计的干重混比和实测的回潮率计算湿重混比，其公式为：

$$x_1 = \frac{y_i(100+W_i)}{\sum_{i=1}^{n} y_i(100+W_i)} \tag{4-1}$$

式中：$x_i$——第 $i$ 种纤维的湿混纺比；

$y_i$——第 $i$ 种纤维的干混纺比；

$W_i$——第 $i$ 种纤维的实际回潮率；

$n$——混纺纤维的种数。

② 条子混合时的干定量计算　条子混合时，在初步确定条子根数后，计算各种纤维条的干定量，按式(4-2)计算：

$$\frac{y_1}{N_1} = \frac{y_2}{N_2} : \frac{y_3}{N_3} : \cdots : \frac{y_n}{N_n} = G_1 : G_2 : G_3 : \cdots : G_n \tag{4-2}$$

式中：$y_1, y_2, y_3, \cdots, y_n$—— 各种纤维的干混比；

$N_1, N_2, N_3, \cdots, N_n$—— 各种纤维条的混合根数；

$G_1, G_2, G_3, \cdots, G_n$—— 各种纤维条的干定量；

$n$——混合纤维条的种数。

例如涤/棉混纺，采用 4 根涤条和 2 根棉条，其棉条干定量为 19.38 g/5 m 。

两种纤维混纺，需采用回花时，如果回花混入第二种纤维条，则条子定量可按式(4-3)计算：

$$\frac{G_1}{G_2} = \frac{N_2}{N_1} \times \frac{y_1}{y_2} \times (1-m) \tag{4-3}$$

式中：$m$——回花使用率（回花占第二种纤维条的定量的百分比）。

**(2) 混合体性能指标的计算** 配棉时的混合棉和化纤配料时的混合料，称为混合体。混合体的各项性能指标以混合体中各原料的性能指标和混用重量百分比进行加权平均计算，公式如下：

$$X = X_1A_1 + X_2A_2 + X_3A_3 + \cdots + X_nA_n = \sum_{i=1}^{n} X_iA_i \quad (4\text{-}4)$$

式中：$X$——混合体的某项性能指标；

$X_i$——第 $i$ 种纤维的某项性能指标；

$A_i$——第 $i$ 种纤维的混用百分比。

## 三、开清棉

### （一）开清棉工序的任务

该工序的主要任务是开棉、混棉、清棉和成卷。

棉与化纤混纺时，因两者的性状和工艺要求不同，可在清棉和梳棉两个工序分别加工成卷和成条，然后在并条机上进行混合。

### （二）开清棉机械的分类

按其作用和流程中所处位置可分为以下五类：

**(1) 抓棉机械** 如 A002C、FA002、FA006 等自动抓棉机。

**(2) 混棉机械** 如 A0006B、FA026、FA022 等多仓混棉机。

**(3) 开棉机械** 如六辊筒开棉机（A034、FA104）、豪猪式开棉机（A036、FA106、FA108）。

**(4) 给棉机械** 如双棉箱给棉机（A092AST）。

**(5) 清棉、成卷机械** 如单打手成卷机（A076A、FA141）。

### （三）开清棉机械的排列组合与工艺

开清棉工序中，各类机械的单机通过凝棉器、配棉器和联动开关连接组合成开清棉联合机。

排列组合以“多包取用、精细抓棉、先松后打、早落少碎、强化均匀混合和少损伤纤维”为原则。国产 FA 系列开清棉联合机的排列组合分棉型和化纤型两种。

**(1) 棉型工艺流程** FA002 型自动抓棉机（2 台并联）→FA121 型除金属杂质装置→FA104 型六滚筒开棉机（附 A045 型凝棉器）→FA022 型多仓混棉机（附 A045 型凝棉器）→FA106 型豪猪式开棉机（附 A045 型凝棉器）→FA107 型豪猪开棉机（附 A045 型凝棉器）→A062 型电气配棉器（2 路）→A092AST 型振动式双棉箱给棉机（2 台，附 A045 型凝棉器）→FA141 型单打手成卷机（2 台）。

**(2) 化纤型工艺流程** FA002 型自动抓棉机（2 台并联）→FA121 型除金属杂质装置→FA022 型多仓混棉机（附 A045 型凝棉器）→FA106A 型梳针滚筒开棉机（附 A045 型凝棉器）

→A062 型电气配棉器(2 路)→FA107A 型梳针打手开棉机(2 台,附 A045 型凝棉器)→FT201 型梳棉风机(2 台)→FA171 型清钢联喂棉装置。

### (四)开清棉技术发展的特点

近年来国内外对开清棉技术进行了大量研究,提出了许多新的工艺理论与新的开清棉技术。

**(1) 精细抓棉** 要求抓取的棉束尽量小,为其他机台的开松、除杂、混合均匀创造良好条件。

**(2) 多仓混棉** 普遍采用的多仓混棉机是根据“时差”与“程差”的混棉理论而设计的,实现了棉流超长片段大范围之间的均匀混合。

**(3) 柔和开松** 为了减少纤维损伤和杂质碎裂,采用了各种新型打手,并辅以弹性握持进行柔和开松。

**(4) 强力除杂** 在开清棉流程中采用强力除尘装置,以去除纤维中的大量微尘。

**(5) 自调匀整** 采用新型的自调匀整装置,减少棉层纵横向差异。

**(6) 清梳联合** 传统的清棉成卷工艺将原料开松后再紧压成卷,而清梳联合后取消了成卷,将开清棉输出的棉流均匀地分配给多台梳棉机,既提高了梳理效果,又减轻了劳动强度,并节约了劳动力。

## 四、梳棉

### (一)梳棉工序的任务

该工序的主要任务是分梳、除杂、均匀混合、成条。

### (二)梳棉各部分作用

#### 1. 给棉刺辊部分

该部分的作用是喂给、握持棉层进行梳理,并排除杂质和短绒。

影响分梳效果的因素有:

**(1) 给棉握持方面** 给棉罗拉表面形式、给棉钳口加压量、给棉方式、给棉分梳工艺长度。

**(2) 刺辊分梳方面** 刺辊转速、刺辊形式与针齿规格、刺辊与给棉罗拉(或给棉板)间的隔距、刺辊部分的除杂作用。

梳棉机机型不同,刺辊车肚附件不同,落杂区的划分也各不相同,一般为 2～3 个落杂区。

影响刺辊落棉的因素包括刺辊速度、锯齿工作角、刺辊直径、落杂区分配、除尘刀、小漏底入口与刺辊间的隔距。

#### 2. 锡林、盖板和道夫部分

锡林、盖板和道夫部分由锡林、回转盖板、固定盖板、道夫、锡林前后罩板和大漏底等组成,其作用是对刺辊梳理过的原料做进一步细致的梳理,并除去部分细小杂质和短绒,由道夫将锡林与盖板梳过的纤维凝聚成纤维层。

影响分梳效果的因素有：锡林转速与直径、产量、针布规格、两针面间的隔距、锡林周围附加分梳元件的数量、活动盖板的回转方向。影响盖板除杂的因素为盖板速度和前上罩板的位置。

锡林、盖板和道夫部分有良好的混合作用，通过吸放纤维而能够减缓生条的短片段不匀，被称为梳棉机的均匀作用。

**3. 剥棉、成条和圈条部分**

剥棉装置的作用是将凝聚在道夫表面的纤维层剥取、成网。

棉网由剥棉装置剥离后，经喇叭口集合、大压辊压缩而成条，由于轧辊钳口线各点到集合器的距离不同，从而实现纤维的混合及均匀作用。

圈条器的作用是将压辊输出的棉条有序地圈放在棉条筒中，以便于储运和供下道工序使用。圈条器由圈条喇叭口、小压辊、曲线斜管轮、回转底盘和传动部分等组成。

## （三）梳棉加工化纤的特点

**1. 化纤特性**

(1) 经分梳元件摩擦会产生静电，且不易消除；

(2) 化纤尤其是合成纤维的回弹性好，条子蓬松，不易通过喇叭口及圈条斜管，从而造成通道堵塞；

(3) 化纤的回潮率各异，黏胶纤维大于棉，合成纤维小于棉，合成纤维之间的摩擦系数小，而与金属的摩擦系数较大；

(4) 化纤较长，特别是中长化纤；

(5) 化纤一般只含少量的粗硬丝、并丝、胶块及超长纤维，长度整齐度较好，短绒含量极少。

**2. 梳棉加工化纤的技术特点**

**(1) 选用合适的分梳元件**　采用化纤型或棉与化纤通用型的金属针布，使化纤不缠绕锡林，生条棉结少，棉网清晰度好。

**(2) 调整梳理工艺**

① 锡林与刺辊线速比　要确保良好分梳和顺利转移，以获得清晰度较好的棉网及结杂和短绒较少的生条，锡林与刺辊的线速比应比纺棉时稍大些；加工中长化纤时，线速比应更大，通常采用2.00～2.45。

② 锡林、盖板速度　加工黏胶纤维时，由于其强度比棉低，为了防止损伤纤维，减少短绒，锡林速度可适当降低。由于化纤的含疵率较棉低，为了节约原料，纺化纤时盖板速度宜适当降低，一般掌握为纺棉时的50%左右。

③ 大压辊和轧辊间的线速比　该因素决定棉网的张力牵伸，而张力牵伸的大小直接影响生条条干。为此，在棉网不松坠的前提下，张力牵伸以偏小掌握为宜。

④ 生条定量　生条定量过轻，易使棉网飘浮，造成剥棉困难，影响成条；若定量过重，合成纤维条子粗而蓬松，容易堵塞喇叭口和圈条斜管。因此，合成纤维的生条定量一般控制在20～22 g/5 m。

**(3) 梳理隔距的调整**

① 锡林至盖板间的隔距　此隔距过小，易发生化纤缠绕锡林的现象；而过分放大锡林、盖板间的隔距，会影响梳理质量。应从控制纤维的含油率和车间温湿度，改善锡林、盖板、道夫针面的平整度、锋利度和光洁度，缩小锡林至道夫间隔距，减轻锡林针面负荷等方面考虑。

② 前上罩板上口隔距　加工化纤时应选用双列针布盖板，为了正常出盖板花，一般此隔距比纺棉时适当放大。

③ 给棉板工作面长度　可适当垫高给棉板，加工中长化纤时，必须加长给棉板的工作面长度。

## (四) 清梳联和自调匀整

清梳联有利于发挥梳理、除杂等效能，提高生条质量，降低生条短绒率，省略落卷、储卷、运卷和换卷等操作，生产效率高；也可避免压辊压碎棉层内杂质，消除了退卷黏层及接头不良等弊病，有利于减少生条含杂粒数，改善生条均匀度。清梳联是清梳生产技术的发展方向，也是实现纺纱过程连续化、自动化、优质高产和低消耗的重要途径。

自调匀整装置一般由检测机构、转换机构、调节机构和执行机构几个部分组成。根据检测与控制的位置不同，可将自调匀整装置分为闭环、开环和混合环三种类型；根据各组成部分的结构，可分为机械式、液压机械式、电气电子式、机电式和气动电子式等。

## (五) 生条质量指标及控制范围

反映生条(棉网)质量或梳棉工序工艺技术水平的质量指标，可分为生产运转过程中的经常性检验项目和参考项目两大类，见表 4-3。

表 4-3　梳棉工序质量参考指标

| 经常性检验项目 | | 参考项目 | |
|---|---|---|---|
| 生条条干不匀率(Uster CV值) | 4.1%～5.0% | 棉网清晰度 | 反映棉网中纤维的伸直平行程度和分离程度 |
| 生条重量不匀率 | 4.0%以下 | | |
| 生条含杂率 | 0.2% | | |
| 一克生条中的棉结/杂质粒数(粒/g) | 15～50/60～110(企业自定) | | |
| 后车肚落棉率与棉卷含杂率之比 | 中粗特纱：100%～120%<br>中特纱(一般)：120%～150%<br>细特纱(较高)：150%～160%<br>刺辊部分的除杂效率：50%～60% | 生条短绒率 | 14%以下 |

## (六) 质量控制

**1. 控制生条中的棉结杂质**

控制生条中棉结杂质的主要手段有：配置好分梳工艺，清梳工序的除杂要合理分工，加强温湿度控制。

**2. 控制生条不匀率**

生条不匀率分为生条重量不匀率和生条条干不匀率两种，前者表示生条长片段间(5 m)的重量差异情况，后者表示生条短片段的粗细不匀情况。

**3. 控制生条短绒率**

生条短绒率和梳棉以后各工序牵伸时浮游纤维的数量及成纱结构有关，直接影响成纱的条干均匀度、细节、粗节和强度。

**4. 落棉控制**

控制落棉数量和台差，控制落棉内容。

### （七）梳棉机技术的发展

近几年来梳棉机技术有较快的发展。1181 型梳棉机的台时产量为 5～7 kg；A186 型梳棉机的台时产量则提高到 15～20 kg；对于 FA 系列(FA201 型和 FA231 型等)梳棉机，采用抬高锡林中心位置、增加工作盖板根数、锡林前后加装固定盖板等措施，使其台时产量达到 20～35 kg，且自动化程度有较大提高，如自动换筒、自动清洁落棉及微尘等。与清梳联配套的梳棉机，其台时产量高达 40～60 kg，卷装容量更大，条筒直径为 100 cm，从而减少了换筒次数与后工序接头次数。

## 五、精梳

### （一）精梳工序概述

**1. 精梳工序的任务**

(1) 排除生条中一定长度以下的短纤维，从而提高纤维的整齐度，以利于减小成纱条干不匀率，提高成纱强度；
(2) 清除纤维间的杂质和棉结，以提高成纱的光洁度；
(3) 使生条中的纤维进一步伸直、平行和分离，以利于纱线的强力、条干和光泽；
(4) 制成条干均匀的精梳棉条。

### （二）国产精梳机的发展

20 世纪 60 年代与 70 年代初，上海第一纺织机械厂研制出 A201 型精梳机，上海第二纺织机械厂研制出红旗牌精梳机；到 70 年代末期，我国引进了瑞士 Rieter(立达)公司的 E7/4 型精梳机；80 年代初研制开发了 FA251 型精梳机；1991 年到 1993 年，参照 Rieter E7/5 型精梳机，相继开发了 FA261 型、SXFA254 型及 FA255 型精梳机；1993 年开始，我国相继与意大利 Marzoli 公司、瑞士 Rieter 公司达成协议合作生产精梳机，加速了我国精梳机设计与加工技术水平的提高；自 1998 年到 2002 年，我国相继开发了 FA266、CJ40、SXF1269、F1268、JSFA286、HY68、CI、FA269、JSFA286、SXFA289 等精梳机。

## （三）精梳准备

### 1. 精梳准备的任务

(1) 提高小卷中纤维的伸直平行度、分离度，防止精梳加工时纤维和梳针的损伤，同时减少落棉中长纤维的含量，有利于节约用棉；

(2) 制成小卷，便于精梳机加工。

### 2. 精梳准备机械

目前，国内外使用的精梳准备机械有四种，即预并条机、条卷机、并卷机和条并卷联合机。其中，条卷机、并卷机和条并卷联合机为精梳准备专用机械，预并条机为并条工序通用机械。

表 4-4　国产并卷机、条并卷联合机的主要技术参数

| 项　目 | FA344 | FA356A |
| --- | --- | --- |
| 并合根数 | 小卷：6 | 棉条：24～28 |
| 成卷规格（直径×宽度）(mm×mm) | 450×300 | 550×300 |
| 喂入定量(g/m) | 小卷：50～75 | 棉条：3.4～5.6 |
| 小卷定量(g/m) | 50～75 | 60～80 |
| 牵伸形式 | 三上四下曲线牵伸 | 三上四下曲线牵伸 |
| 牵伸(倍) | 4～9 | 1.30～2.55 |
| 成卷速度(m/min) | 50～65 | 80～120 |

其他主要机型的精梳准备机械技术特征可参见《棉纺手册》及有关设备说明书。

### 3. 精梳准备的工艺流程

如图 4-1 所示，在梳棉与精梳之间，准备工序道数应按偶数配置，使喂入精梳机的多数纤维呈前弯钩状，这就是准备工艺配置的偶数准则。

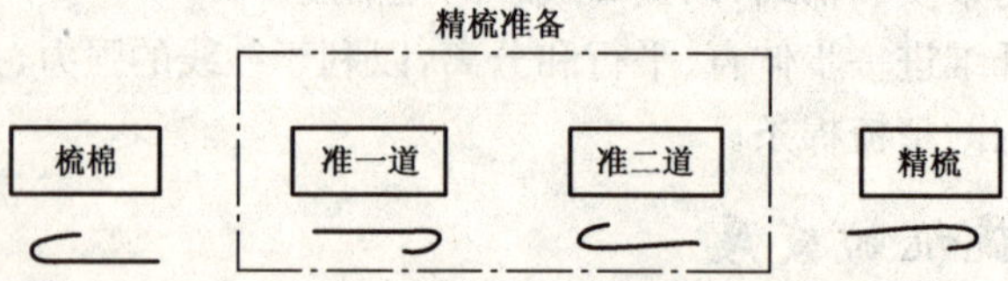


图 4-1　精梳工序中的纤维弯钩方向

目前，国内外采用的精梳准备工艺流程有以下三种：

(1) 预并条机→条卷机（条卷工艺）；

(2) 条卷机→并卷机（并卷工艺）；

(3) 预并条机→条并卷联合机（条并卷工艺）。

## （四）精梳机的工艺过程及运动配合

### 1. 精梳机的工艺过程

精梳机的机型较多，但其工作原理相同，即周期性地断开棉层，棉丛的两端在握持状态下分别得到梳理，再依次接合成连续的棉网输出。

### 2. 精梳机工作的运动配合

精梳机的运动比较复杂，为使各机件运动协调有序，精梳机上装有一个与锡林同步转动的刻度指示盘，称为分度盘，用以确定各主要机件的运动配合。分度盘沿圆周分为 40 等份，每一等份为 9°，称为一分度。精梳锡林转一转，或钳板前后往复运动一次，称为一个运动周期或称为一钳次。

影响精梳落棉率的因素有给棉长度、分离隔距、喂给系数和给棉方式。

锡林是精梳机的主要梳理部件，它的作用是梳理纤维须丛的前端，使纤维伸直平行，除去其中的杂质、短纤维和疵点。

顶梳的作用是梳理分离须丛的后端，包括钳板钳唇死隙部分及钳板握持点以后的纤维尾端，即锡林没有梳理到的部分。

影响顶梳梳理的因素有顶梳的高低隔距、顶梳的进出隔距、顶梳的植针规格、顶梳的针面状态。

## （五）精梳机的传动与工艺计算

### 1. 精梳机的传动

FA269 型精梳机的传动图见图 4-2。

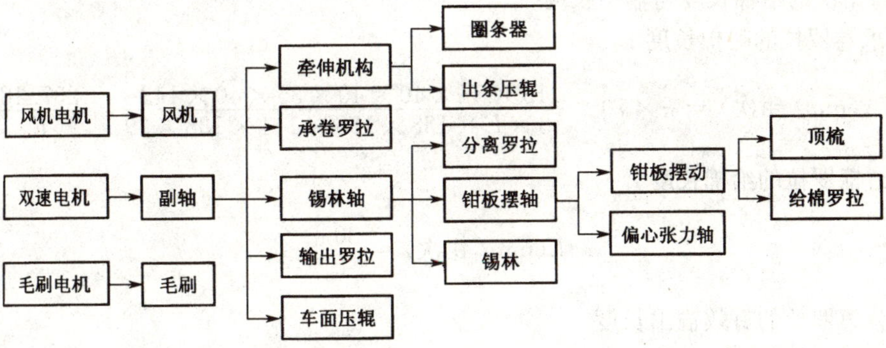


图 4-2　精梳机传动图

### 2. 变换轮

FA269 型精梳机的变换齿轮和变换皮带轮见表 4-5。

表 4-5　FA269 型精梳机的变换轮直径或齿数

| 项　目 | 变换轮名称 | 符号 | 变换皮带轮直径或齿轮齿数 | | |
|---|---|---|---|---|---|
| 锡林转速 | 主电动机皮带轮(mm) | $A$ | 144，154，168，180 | | |
| | 副轴皮带轮(mm) | $B$ | 126，144，154，168 | | |
| 毛刷转速 | 毛刷电动机皮带轮(mm) | $C$ | 109，137 | | |
| | 毛刷轴皮带轮(mm) | $D$ | 109 | | |
| 喂给量 | 喂卷调节齿轮齿数 | $E$ | 43，44 | 49，50 | 54，55 |
| | 给棉罗拉棘轮齿数 | $F$ | 16 | 18 | 20 |
| 罗拉牵伸 | 变换带轮齿数 | $G$ | 30，33，38，40，45 | | |
| | 变换带轮齿数 | $H$ | 28，30，33，38，40 | | |
| | 后牵伸变换带轮齿数 | $J$ | 32，38，42 | | |
| | 变换带轮(mm) | $K$ | 32(前进给棉)，38(后退给棉) | | |

### 3. 精梳机的工艺计算

#### (1) 速度计算

① 锡林速度 $n_1$

$$n_1(\text{r/min}) = 1\,440 \times \frac{A}{B} \times \frac{29}{143} = 292.028 \times \frac{A}{B} \qquad (4\text{-}5)$$

② 毛刷速度 $n_2$

$$n_2(\text{r/min}) = 905 \times \frac{C}{D} = 905 \times \frac{C}{109} = 8.303\,C \qquad (4\text{-}6)$$

③ 每钳次的给棉长度与输出长度

A. 承卷罗拉的喂棉长度 $L_1$

$$L_1(\text{mm/ 钳次}) = \pi \times 70 \times \frac{13 \times 37 \times 40 \times 40 \times 35 \times 40 \times 143}{13 \times E \times 138 \times 138 \times 144 \times 138 \times 29} = \frac{237.48}{E} \qquad (4\text{-}7)$$

B. 给棉罗拉的给棉长度 $L$

$$L(\text{mm/ 钳次}) = \frac{30\pi}{F} \qquad (4\text{-}8)$$

C. 分离罗拉的有效输出长度

$$S(\text{mm/ 钳次}) = -\frac{15}{95} \times \left(1 - \frac{29 \times 32}{22 \times 25}\right) \times \frac{87}{28} \times 25\pi = 26.48 \qquad (4\text{-}9)$$

#### (2) 牵伸计算

① 给棉罗拉至承卷罗拉间的牵伸

$$e_1 = \frac{A}{L_1} = 0.397 \times \frac{E}{F} \qquad (4\text{-}10)$$

② 分离罗拉至给棉罗拉间的牵伸

$$e_2 = \frac{S}{A} = 0.281 \times F \tag{4-11}$$

③ 输出罗拉至分离罗拉间的牵伸

$$e_3 = \frac{\frac{40 \times 35 \times 40 \times 143}{39 \times 144 \times 138 \times 29} \times 25\pi}{26.48} = 1.056 \tag{4-12}$$

④ 车面压辊至输出罗拉间的牵伸

$$e_4 = \frac{39 \times 50\pi}{76 \times 25\pi} = 1.026 \tag{4-13}$$

⑤ 后罗拉至车面压辊的牵伸

$$e_5 = \frac{28 \times 28 \times 22 \times 45 \times 40 \times 138 \times 144 \times 76 \times 27\pi}{28 \times 70 \times 36 \times 45 \times 140 \times 40 \times 35 \times 40 \times 50\pi} = 1.017 \tag{4-14}$$

⑥ 后区牵伸

$$e_6 = \frac{1 \times 28 \times 27\pi}{28 \times 28 \times 27\pi} = \frac{1}{28} \tag{4-15}$$

⑦ 牵伸装置总牵伸

$$e_7 = \frac{104 \times A \times 70 \times 28 \times 35\pi}{28 \times B \times 28 \times 28 \times 27\pi} = 12.037 \times \frac{G}{H} \tag{4-16}$$

⑧ 圈条压辊至前罗拉的牵伸

$$e_8 = \frac{28 \times 53.25 \times 44 \times 59.5\pi}{42 \times 98.5 \times 28 \times 35\pi} \times 1.1 = 1.059 \tag{4-17}$$

因圈条压辊表面有沟槽，式(4 17)中的“1.1”为压辊的沟槽系数。

⑨ 圈条压辊至承卷罗拉的总牵伸

$$E = e_1 e_2 e_3 e_4 e_5 e_6 e_7 e_8 = 1.567 \times \frac{G}{H} \times E \tag{4-18}$$

⑩ 实际牵伸

$$E_P = \frac{g \times 5}{g_1} \times 8 = 40 \times \frac{g}{g_1} \tag{4-19}$$

式中：$g$——精梳小卷定量(g/m)；

$g_1$——精梳条定量(g/5 m)。

设精梳机的落棉率为 $a$，则机械牵伸与实际牵伸的关系为：

$$E = E_1(1-a)$$

**(3) 理论产量 $G_L$**

$$G_L[\text{kg/(台·h)}] = \frac{n_1 \times 60 \times g \times 8 \times A \times (1-a)}{1\,000 \times 1\,000} \tag{4-20}$$

式中：$n_1$——前罗拉转速(r/min)；

*a*——精梳机的落棉率(%);

*A*——给棉长度(mm)。

## (六)精梳质量控制

精梳加工的主要质量指标为精梳落棉率、精梳条重量不匀率、条干不匀率、短绒率、棉结杂质、落棉含短绒率等,具体要求见表 4-6。

**表 4-6　精梳质量指标**

| 仪器 | 项目 | 50%水平 | 25%水平 |
|---|---|---|---|
| AFIS | 棉结(个/g) | 26.00 | 16.00 |
| | 短绒含量(根数平均,短绒 12.7 mm 以下,%) | 8.75 | 6.75 |
| | 短绒含量(重量平均,短绒 12.7 mm 以下,%) | 3.20 | 2.40 |
| | 杂质(粒/g) | 1.00 | 0.50 |

### 1. 精梳落棉指标

精梳落棉率应合理掌握,其具体控制范围见表 4-7。

**表 4-7　精梳落棉率参考指标**

| 纱线线密度(tex) | 参考落棉率(%) | 落棉含短绒率(%) |
|---|---|---|
| 30~14 | 14~16 | >60 |
| 14~10 | 15~18 | |
| 10~6 | 17~20 | |
| 6 以下 | 19 以上 | |

精梳落棉率调节应考虑以下因素:落棉隔距、给棉长度、顶梳插入深度、给棉方式和锡林针齿密度。

### 2. 控制精梳条重量不匀率

精梳条重量不匀率是指精梳条 5 m 片段之间的重量不匀率,它影响成纱重量不匀率及重量偏差,从而影响棉纱的品等。

### 3. 降低精梳条条干不匀率

精梳工序产生条干不匀的原因有棉网成形不良、精梳机牵伸装置不良、牵伸工艺不合理、小卷和棉网及台面张力过大。

### 4. 精梳条的短绒率

短绒率与成纱的关系密切,短绒率越高,成纱强力越低,强力不匀率越高,条干越差,粗细节增加,外观质量差。

### （七）精梳技术的发展

(1) 精梳准备工艺改进，小卷质量提高。目前，精梳制备小卷工艺有三种：①预并条→条卷；②条卷机→并卷机；③预并条→条并卷。工艺③是在吸收①与②的优缺点基础上推出的最先进的准备工艺。

(2) 精梳梳理元件采用可调式整体锡林，使梳针的齿形高度、密度和排列适应性强，调节方便，顶梳可自动清洁，有利于精梳条质量提高。

(3) 普遍采用自动化控制技术，精梳机上设有台面断条和轻重条光电自行装置、空卷和钳板钳口光电探测装置及棉条质量自动监控系统等，国外先进精梳机还具有自动生头、自动落筒、自动换卷等系统。

(4) 配置前进给棉与后退给棉两种给棉方式，以满足生产不同质量和品种的要求。

(5) 通过减轻钳板重量、改进钳板吻合技术等措施，为精梳机高速创造条件。国外精梳机的实际生产速度可达到 400 钳次/min，国内精梳机的实际生产速度可达到 300 钳次/min 以上。

(6) 生产纯棉精梳纱时普遍采用精梳后单并工艺，既缩短工艺流程，又提高精梳条质量。

## 六、并条

### （一）并条工序的任务

该工序的任务是并合、牵伸、均匀混合、成条。

### （二）并条机的主要机构

并条机的主要机构由喂入机构、牵伸机构和成条机构组成。

### （三）并条机的牵伸形式

并条机的牵伸形式有连续牵伸和双区牵伸、三上四下曲线牵伸、压力棒曲线牵伸及多胶辊曲线牵伸。

### （四）并条机的工艺配置

其工艺参数包括并条道数、熟条定量和并合数、出条速度、牵伸和牵伸分配、罗拉握持距、胶辊加压、压力棒直径和喇叭口口径等。

#### 1. 并条道数

为提高纤维的伸直平行度，并粗工序应遵循“奇数法则”，即梳棉与细纱间的工序采用奇数道。不同性能的原料采用条子混合时，一般采用 3 道混并。精梳纯棉纱可采用 2 道并条。

#### 2. 熟条定量和并合数

熟条定量主要根据细纱线密度、纺纱品种及设备情况而定。一般纺细特纱时定量轻，纺粗特纱时定量重，见表 4-8。纺化纤时牵伸力大，容易出现牵伸不开的现象，所以定量应比纺纯棉时轻。在保证产量供应的情况下，适当减轻熟条定量，有利于改善粗纱条干。

表 4-8　熟条的定量范围

| 细纱线密度(tex) | 熟条定量(g/5 m) | 细纱线密度(tex) | 熟条定量(g/5 m) |
|---|---|---|---|
| 9 以下 | 12～15 | 20～30 | 18～21 |
| 9～19 | 15～18 | 32 以上 | 21～25 |

根据并合原理，并合根数越多，并合效果越好，牵伸也越大，牵伸附加条干不匀增加。考虑并合与牵伸的综合效果，并条机的并合根数一般采用 6～8 根。

**3. 出条速度**

并条机的出条速度主要视机型和纺纱品种确定。并条机的出条速度与所加工的纤维种类有关，纺化纤时易起静电，速度高易引起绕罗拉、绕胶辊等现象，所以出条速度比纺棉时低。另外，为了保证前、后道并条的产量供应，头道、二道并条机的出条速度应略大于三道。

**4. 牵伸倍数和牵伸分配**

并条机的总牵伸倍数应与并合数和纺纱线密度相适应，一般应稍大于或接近于并合数。

并条工序的牵伸分配包括两项内容，一是头道、二道并条机的牵伸分配，二是各道并条机各牵伸区的牵伸分配。

**(1) 头道、二道并条机的牵伸分配**　有两种形式。

第一种是倒牵伸，即头道牵伸大于并合数，二道牵伸稍小于或等于并合数。其特点是，头道牵伸大，牵伸不匀大，但可通过两道的并合作用加以改善；二道牵伸小，有利于提高条子的条干均匀度，但不利于弯钩纤维的伸直，成纱强力低。

第二种是顺牵伸，即头道牵伸小于二道牵伸。其特点是，二道牵伸大，牵伸不匀大，但有利于弯钩纤维的伸直，成纱强力高。

**(2) 各区的牵伸分配**　前区能承担较大的牵伸，同时后区牵伸小，可以使纤维伸直度较差的条子先经过后区的伸直和整理，有利于须条条干。

**5. 罗拉握持距**

牵伸装置中相邻罗拉间的距离有中心距、表面距和握持距三种表示方法。握持距的影响因素很多，主要根据纤维品质长度而定，同时考虑纤维的整齐度、牵伸倍数、牵伸力及罗拉加压、车间温湿度等因素。

由于牵伸形式、加工纤维种类不同，牵伸区的牵伸力存在差异，握持距应取不同的值，见表 4-9。前区握持距对条干均匀度的影响最大，后区握持距的影响较小，中区握持距的影响更小。

表 4-9　不同牵伸形式下各区握持距的范围

| 牵伸形式 | 三上三下附导向辊压力棒曲线牵伸 | 四上四下附导向辊压力棒曲线牵伸 |
|---|---|---|
| 前区握持距 $S_1$(mm) | $S_1=L_p+(7\sim12)$ | $S_1=L_p+(8\sim12)$ |
| 中区握持距 $S_2$(mm) | | $S_2=L_p+(8\sim10)$ |
| 后区握持距 $S_3$(mm) | $S_3=L_p+(12\sim14)$ | $S_3=L_p+(12\sim16)$ |

**6. 罗拉加压**

罗拉加压的压力大小应使罗拉钳口的握持力与牵伸力相适应，主要依据纤维品种、罗拉速度、须条定量、牵伸、罗拉握持距及牵伸形式而定。纺化纤及棉与化纤混纺时，加压量应比纺纯棉时高 20%～30%。罗拉速度快、须条定量重、牵伸倍数大、罗拉握持距小时，加压宜重。不同牵伸形式下的加压范围见表 4-10。

**表 4-10　不同牵伸形式下的加压范围**

| 牵伸形式 | 从前胶辊至后胶辊的加压量(N/双端) |
|---|---|
| 三上三下压力棒 | (118×294×58.5×314×294)×2 |
| 四上四下压力棒 | (294×294×98×294×394×394)×2 |

## (五) 并条机的传动和工艺计算

FA311 型并条机的传动系统见图 4-3 所示，其工艺计算如下：

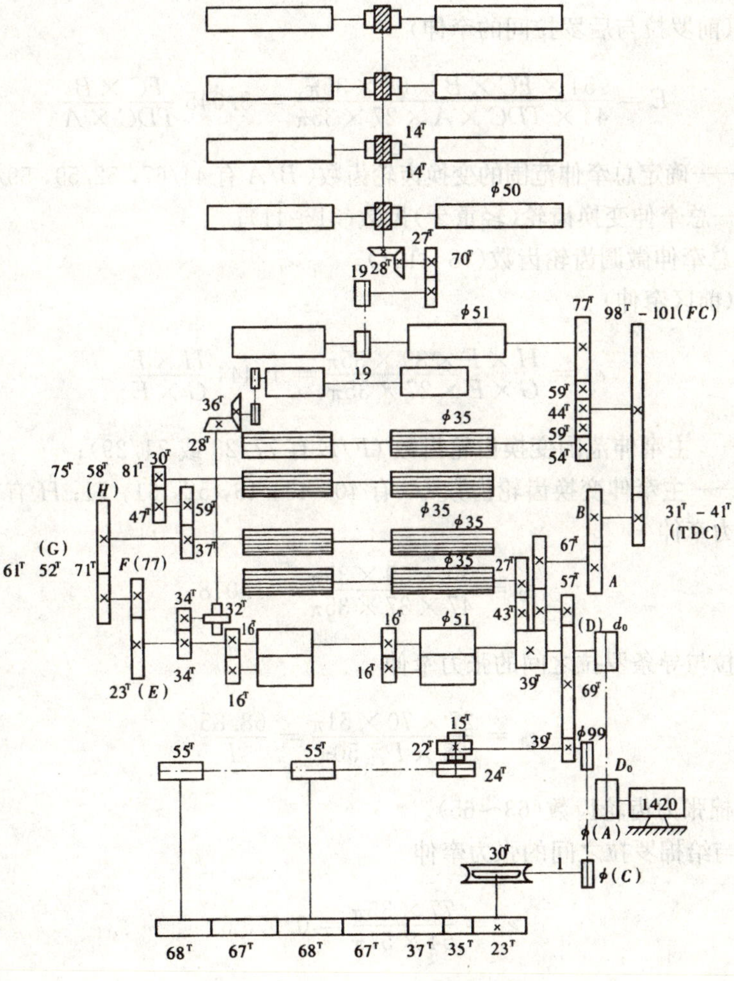


图 4-3　FA311 型并条机传动图

**(1) 产量计算**

① 压辊输出速度 $v$

$$v(\text{m/min}) = n \times \frac{D_0 \times \pi \times d}{d_0 \times 1\,000} \tag{4-21}$$

式中：$n$——电动机转速(1 420 r/min)；

$D_0$——电动机皮带轮直径(mm)；

$d_0$——压辊轴皮带轮直径(mm)；

$d$——压辊直径(mm)。

② 理论产量 $G_L$

$$G_L[\text{kg/(台·h)}] = \frac{v \times q \times 60 \times 2}{5 \times 1\,000} = 0.024\, v \cdot q \tag{4-22}$$

式中：$q$——棉条定量(g/5 m)；

$v$——压辊输出速度(m/min)。

**(2) 牵伸计算**

① 总牵伸(前罗拉与后罗拉间的牵伸)

$$E = \frac{54 \times FC \times B \times 67 \times 35\pi}{44 \times TDC \times A \times 27 \times 35\pi} = 3.045\,\frac{FC \times B}{TDC \times A} \tag{4-23}$$

式中：$A$ 和 $B$ ——确定总牵伸范围的变换齿轮齿数( $B/A$ 有 44/67，52/59，59/52，67/44)。

$TDC$ ——总牵伸变换齿轮(轻重牙)齿数(31～41)；

$FC$ ——总牵伸微调齿轮齿数(98～101)。

② 主牵伸(前区牵伸)

$$e_1 = \frac{H \times F \times 39 \times 35\pi}{G \times E \times 27 \times 35\pi} = 1.444\,\frac{H \times F}{G \times E} \tag{4-24}$$

式中：$E$ 和 $F$ ——主牵伸范围变换齿轮齿数 ($F/E$ 有 77/23 或 71/29)；

$G$ 和 $H$ ——主牵伸变换齿轮齿数 ($G$ 有 40，43，46，52，61，71；$H$ 有 58，75，81)。

③ 中区张力牵伸

$$e_2 = \frac{30 \times 59 \times 35\pi}{47 \times 37 \times 35\pi} = 1.018 \tag{4-25}$$

④ 给棉罗拉与导条罗拉之间的张力牵伸

$$e_3 = \frac{27 \times 70 \times 51\pi}{28 \times I \times 50\pi} = \frac{68.85}{I} \tag{4-26}$$

式中：$I$ ——给棉张力齿轮齿数(63～65)。

⑤ 后罗拉与给棉罗拉之间的张力牵伸

$$e_4 = \frac{77 \times 35\pi}{54 \times 51\pi} = 0.978\,6 \tag{4-27}$$

⑥ 压辊与前罗拉之间的张力牵伸

$$e_5 = \frac{27 \times 51\pi}{39 \times 35\pi} = 1.0088 \tag{4-28}$$

## （六）熟条的质量控制

熟条质量的控制内容主要包括定量控制、重量不匀率控制和条干均匀度控制。

### 1. 熟条定量控制

实际干重对设计干重的差异，一般用重量偏差表示，即：

$$重量偏差(\%) = \frac{实际干重 - 设计干重}{设计干重} \times 100 \tag{4-29}$$

重量偏差的控制范围：一般单机台不超过±1%，全机台不超过±0.5%。生产实践证明，严格控制单机台的平均重量差异，既可降低棉条的重量不匀率，又可降低全机台的重量偏差。如果单机台的重量偏差控制在±1%以内，则全机台的重量偏差一般在±0.5%左右。因此，对于熟条的定量控制，主要是单机台定量控制。

棉条干重标准的掌握：在实际生产中，对每个品种的每批纱，都要控制其重量偏差。国家标准规定每批棉纱线的重量偏差范围是±2.5%，月度累计重量偏差应控制在±0.5%以内。

棉条的重量不匀率控制有长、中、短片段之分，见表4-11。按匀整片段长度的不同，匀整装置可分为长片段匀整装置、中片段匀整装置和短片段匀整装置。目前，并条机上长片段、中片段的匀整装置应用较多，且比较成熟，国外有的机械厂已在调整长片段、中片段的基础上增加短片段匀整。

表4-11　重量不匀长度划分

| 超短片段 | 短片段 | 中片段、长片段 | 长片段 |
|---|---|---|---|
| 25 cm以下 | 25 cm～2.5 m | 2.5～5 m | 5 m以上 |

### 2. 熟条重量不匀率控制

熟条重量不匀率反映熟条的长片段不匀，是指纺同一品种的所有机台的熟条，每次每眼5 m为一片段的试样，取两段而测得的不匀率。一般与定量控制同步进行，每个品种每个班测一次。熟条重量不匀率的计算方法与生条重量不匀率的计算方法相同。

一般要求熟条的重量不匀率为：纯棉普梳<1%，纯棉精梳<0.8%，化纤及混纺<1%。

降低熟条重量不匀率的主要措施有：轻重条搭配、满浅筒搭配、远近筒搭配、断头自停灵敏、采用有弹簧底盘的棉条筒。

### 3. 熟条条干均匀度控制

熟条条干均匀度反映熟条短片段的粗细均匀程度，它直接影响细纱条干均匀度和细纱断头，而且影响布面质量。目前，用来测试熟条条干均匀度的仪器有两种，一种是Y311型条粗条干均匀度仪（又称萨氏条干仪），另一种是电容式条干均匀度仪。

纱条条干不匀分为规律性条干不匀和不规律性条干不匀。规律性条干不匀是由于牵伸部分的某个回转部件有缺陷而形成的周期性的粗节、细节，如罗拉、胶辊偏心、齿轮磨损或缺齿等，这种不匀称为机械波。不规律性条干不匀主要是由于牵伸过程中摩擦力界布置不合理和牵伸力不稳定造成的，称为牵伸波。

**(1) 规律性条干不匀的控制** 推算产生机械波的机件，通常有两种方法，一是波长计算法，二是测速法。

**(2) 不规律性条干不匀的控制** 产生不合格的原因是工艺设计不合理、罗拉隔距走动、胶辊直径变化、胶辊加压状态失常、罗拉或胶辊缠花。此外，喂入棉条重叠、棉条跑出后胶辊的两端、棉条通道挂花、胶辊中凹、胶辊回转不灵、上下清洁器作用不良、吸棉风道堵塞或漏风引起飞花附入棉条，也都会导致产生不规律性条干不匀。

## (七) 并条工序加工化纤的特点

### 1. 并条的工艺道数

化纤纯纺或化纤与化纤混纺时，并条一般采用 2 道工艺。涤纶(或其他化纤)与原棉混纺时，应各自制成条子，在并条机上混合。涤棉混纺时并条工艺道数需多于纺纯棉时，一般采用 3 道并条。

### 2. 工艺特点

工艺路线上需采用“重加压、大隔距、通道光洁、防缠防堵”等措施，同时注意以下特点：

**(1) 定量** 化纤混纺时的定量和纺纯棉时相比应偏轻掌握，一般控制在 18～21 g/5 m 范围内。但在加压充分和机械状态良好时，可以适当加重定量。

**(2) 前张力牵伸与条子排列顺序** 前张力牵伸宜较小，防止产生意外牵伸和绕皮辊现象。在混并机上，由于两种纤维的弹性伸长不同，张力牵伸略大于 1 倍(一般采用 1.013 倍左右)，后张力牵伸在纺纯棉时一般为 1.022 倍左右。

条子混合时，头道混并机后条子的排列位置，对各种纤维在纱中的分布及成纱质量均有直接影响。例如，涤棉混比例为 65∶35 时，在头道混并机上，6 根条子中 2 根棉条的位置按第二、五根排列，对提高混合效果有利。

**(3) 出条速度** 纺化纤时的出条速度应比纺纯棉时稍低。

### 3. 圈条部分的改进

针对条子运动的特点，新型并条机上都采用了曲线斜管，以解决条子堵塞问题，生产中已普遍使用。

## (八) 并条机技术的发展

### 1. 输出速度提高

从“1”系列并条机的 40～60 m/min 到第二代 A 系列并条机的 180～250 m/min，至 20 世纪 80 年代中期研发使用 FA 系列第三代并条机，其最高速度可达 600 m/min，国外生产的单眼并条机的最高速度达 1 000 m/min。

**2. 性能优良的牵伸机构**

主要有压力棒曲线牵伸和多胶辊曲线牵伸两类牵伸形式，加强了对纤维的控制能力。

**3. 稳定可靠的加压机构**

广泛采用弹簧摇架加压机构，具有压力大、吸振作用好、结构轻巧、使用和操作方便的优点，部分新型并条机还采用气压式加压装置，优点更显著。

**4. 适应高速的喂入机构**

普遍采用高架喂入式高平台导条、积极传动和直线顺向喂入，减少棉条引程中摩擦和意外牵伸产生。

**5. 自动监控和自调匀整装置**

对生产工艺参数、工艺故障进行监测和自停，对输出条的中长片段不匀以至短片段不匀实施匀整。

此外，新型并条机普遍采用大卷装大容量、慢速启动和高效制动装置及自动清洁系统等技术，为并条机在高速运转条件下稳定和提高产品质量提供了最有效的保证。

## 七、粗纱

### （一）粗纱工序概述

**1. 粗纱工序的任务**

该工序的主要任务是牵伸、加捻、卷绕成形。

**2. 粗纱机的发展**

20 世纪 50 至 60 年代研制的 1251 型、1271 型粗纱机及 A453B 型、A456A 型粗纱机均为竖锭式，前者为三上四下曲线牵伸，牵伸能力、锭速、卷装容量都有较大提高。A456D、A456E 及纺中长纤维的 A456M、A456MA、A456G 等粗纱机，带有积极式上清洁、慢速启动、防细节装置，提高了纱条的条干均匀度，减少了纱疵，A456E 型粗纱机还带有三自动及粗纱伸长率补偿装置，操作方便，提高了粗纱质量。为适应老厂改造，还研制了 A454 型、A454E 和 A454G 型粗纱机。

20 世纪 80 年代以来，粗纱机在卷装、速度、纺纱质量和自动化程度等方面有了较大发展，由竖锭式转为悬锭式，通过改进润滑条件、提高设备加工精度、采用张力补偿装置和机电一体化等一系列措施，设备的自动化程度日益提高，先后设计制造了高速、大卷装的 FA401 型、FA421 型、FA423A 型、TJFA481A 型等悬锭式粗纱机。

进入 21 世纪，变频技术、微电子技术、数控技术的应用，使纺织设备进入智能化发展阶段，粗纱机也有了质的飞越，逐步取消了成形部分的机械传动机构、机械操作机构及执行机构，使整机结构简单、维修方便、运行可靠、噪声低，其代表机型有 EJ521A 型、FA425 型、FA468 型、FA491 型等。

粗纱机主要机型的技术特征参见《棉纺手册》及有关设备说明书。

## （二）粗纱机的主要机构

粗纱机可分为喂入、牵伸、加捻、卷绕成形四个部分。

## （三）粗纱机的工艺配置

### 1. 牵伸装置的工艺配置

粗纱机的牵伸工艺参数主要包括粗纱定量、锭速、牵伸倍数及其分配、罗拉握持距、罗拉加压、原始隔距、集合器口径等。

**(1) 粗纱定量** 粗纱定量应根据熟条定量与细纱机牵伸能力、纺纱品种、产品质量要求、生产供应平衡以及粗纱设备性能等因素综合考虑确定，见表 4-12。

**表 4-12 粗纱定量选用范围**

| 纺纱线密度(tex) | 32 以上 | 20～30 | 9.0～19 | 9.0 以下 |
|---|---|---|---|---|
| 粗纱干定量(g/10 m) | 5.5～10.0 | 4.1～6.5 | 2.5～5.5 | 2.0～4.0 |

**(2) 锭速** 锭速与纺纱品种、粗纱定量、捻系数、锭翼形式和粗纱机设备性能等因素有关，见表 4-13。化纤纯纺或混纺时，由于粗纱捻系数较小，锭速可适当降低。

**表 4-13 锭速选用范围**

| 纺纱线密度(tex) | | 32 以上 | 11～30 | 10 以下 |
|---|---|---|---|---|
| 锭速范围(r/min) | 托锭 | 600～800 | 700～900 | 800～1 000 |
| | 悬锭 | 800～1 000 | 900～1 100 | 1 100～1 200 |

**(3) 牵伸及其分配**

① 总牵伸 粗纱机的牵伸依据细纱线密度、细纱机的牵伸能力、熟条及粗纱定量、粗纱机的牵伸形式而定。在细纱机牵伸能力较高时，粗纱机可配置较低的牵伸，以利于成纱质量，一般纺粗特纱采用 5～8 倍，纺中细特纱采用 6～9 倍，纺特细特纱采用 7～12 倍。

② 牵伸分配 粗纱机的牵伸分配应根据牵伸形式、喂入品质量及总牵伸等因素确定。由于双胶圈牵伸区对纤维运动的控制能力良好，所以牵伸主要由该牵伸区承担，而后区牵伸不宜过大，一般为 1.12～1.48 倍，通常情况下以偏小掌握为宜。纺化纤时，后区牵伸应大些，使后区牵伸力与握持力相适应。四罗拉双胶圈牵伸和三罗拉双胶圈牵伸相比，其后区牵伸可大些。整理区采用固定的牵伸即 1.05 倍。

**(4) 罗拉握持距** 粗纱机的罗拉握持距应根据纤维品质长度确定，并参照纤维的整齐度和牵伸区中的牵伸力大小综合考虑，以不使纤维断裂或须条牵伸不开为原则。不同牵伸形式下的罗拉握持距见表 4-14。

**(5) 罗拉加压** 在满足握持力大于牵伸力的前提下，粗纱机的罗拉加压主要根据牵伸形式、罗拉速度、罗拉握持距、牵伸、须条定量而定，见表 4-15。

表 4-14　不同牵伸形式下的罗拉握持距　　单位:mm

| 牵伸形式 | 整理区 | | | 主牵伸区 | | | 后牵伸区 | | |
|---|---|---|---|---|---|---|---|---|---|
| | 纯棉 | 棉型化纤 | 中长 | 纯棉 | 棉型化纤 | 中长 | 纯棉 | 棉型化纤 | 中长 |
| 三罗拉双短胶圈 | | | | 胶圈架长度+14～20 | 胶圈架长度+16～22 | 胶圈架长度+18～22 | $L_p$+(16～20) | $L_p$+(18～22) | $L_p$+(18～22) |
| 四罗拉双短胶圈 | 35～40 | 37～42 | 42～57 | 胶圈架长度+22～26 | 胶圈架长度+24～28 | 胶圈架长度+24～28 | $L_p$+(16～20) | $L_p$+(18～22) | $L_p$+(18～22) |

注:$L_p$ 为纤维品质长度或化纤公称长度(mm)。

表 4-15　粗纱机加压量

| 牵伸形式 | 加压量(N/双锭,由前罗拉至后罗拉) |
|---|---|
| 三罗拉双短胶圈 | 300×200×250 |
| 四罗拉双短胶圈 | (90, 120, 150)×(150, 200, 250)×(100, 150, 200)×(100, 150, 200) |

**(6) 胶圈原始钳口和上销弹簧起始压力**　原始钳口是弹性钳口上、下销之间的最小距离,其大小依据粗纱定量及不同规格的隔距块进行确定,见表 4-16。

表 4-16　原始钳口与粗纱定量

| 粗纱定量(g/10 m) | 2.5～4.5 | 4.5～6.5 | 5.5～9 |
|---|---|---|---|
| 原始钳口(mm) | 3.0～5.0 | 4.5～6.5 | 6.0～7.5 |

**(7) 集合器口径**　前区集合器口径应与输出定量相适应,后区集合器口径与喂入定量相适应。

**2. 粗纱捻系数的选用**

粗纱捻系数的选用主要依据纤维性质和粗纱定量,同时参照细纱机牵伸形式、细纱用途及车间温湿度等条件而定。针织用粗纱,尤其是细节要求非常少的,捻系数宜偏大。车间温度高,纤维表面棉蜡融化,摩擦系数小,捻系数应大;车间湿度大,纤维摩擦系数大,捻系数应小。

加工棉纤维时,粗纱捻系数的选择可参考表 4-17;化纤纯纺与混纺时,粗纱捻系数范围可参见表 4-18。

表 4-17　纺纯棉时的粗纱捻系数

| 粗纱定量(g/10 m) | | 2～3.25 | 3.25～4.0 | 4.0～7.7 | 7.7～10 |
|---|---|---|---|---|---|
| 捻系数 | 梳棉纱 | 105～110 | 100～105 | 92～100 | 85～92 |
| | 精梳纱 | 90～95 | 85～90 | 77～85 | 70～77 |

表 4-18 化纤纯纺与混纺时的粗纱捻系数

| 纤维长度(mm) | 原料 | 捻系数 | 纤维长度(mm) | 原料 | 捻系数 |
|---|---|---|---|---|---|
| ≤40 | 纯涤 | 62~64 | ≤40 | 涤/黏 | 50~60 |
| | 纯维 | 67~72 | | 黏/腈 | 48~60 |
| | 纯黏 | 62~81 | | 黏/棉 | 48~68 |
| | 纯腈 | 57~76 | 51~60 | 涤/黏 | 45~60 |
| | 涤/棉 | 48~67 | | 黏/锦 | 45~60 |
| | 棉/维 | 81~86 | | 涤/腈 | 40~55 |
| | 黏/棉 | 63~76 | | 涤/腈/黏 | 40~55 |
| | 棉/黏 | 73~86 | | 腈/锦/黏 | 40~55 |

## (四) 粗纱机的传动

粗纱机的恒速机件,如牵伸罗拉、导条罗拉、锭子及筒管的恒速部分,都由主轴直接传动;粗纱机的变速机件,如升降龙筋及筒管的变速部分,由变速机构传动。差动装置将主轴的恒速和变速机构传来的变速合成后传给筒管。

## (五) 变换齿轮

**(1) 捻度齿轮** 捻度齿轮用于改变粗纱捻度,以适应纺纱工艺的需要,又称中心牙。当改变捻度时,需要改变锭翼与前罗拉的速比,粗纱机上这是靠改变前罗拉输出速度来实现的,因而改变捻度就改变了粗纱机的产量。

**(2) 牵伸齿轮** 总牵伸齿轮用于改变粗纱机的总牵伸。熟条定量一定时,改变总牵伸齿轮便可以改变粗纱定量,又称轻重牙。为了适应总牵伸调整的需要,还配置了总牵伸阶段变换齿轮。后牵伸变换齿轮仅用来改变后区牵伸。

**(3) 升降齿轮** 升降齿轮的作用是改变升降龙筋的升降速度,即决定粗纱沿筒管轴向排列的稀密程度,又称高低牙或快慢牙。粗纱的卷绕圈距根据所纺粗纱的线密度而定。

**(4) 卷绕齿轮** 卷绕齿轮用于调节粗纱在空管时的初始卷绕速度。卷绕齿轮一般不调整,只有当筒管直径或粗纱定量改变较大时,才做调整。

**(5) 张力齿轮** 张力齿轮(也称成形齿轮)的作用是决定锥轮皮带每次位移的距离,即决定筒管卷绕速度和下龙筋升降速度逐层降低的量。

**(6) 升降渐减齿轮** 升降渐减齿轮由成形棘轮传动,其大小决定升降龙筋每次升降的动程,即确定粗纱两端的成形锥角,故又称角度牙。

**(7) 喂条张力齿轮** 根据棉条的松紧程度,可通过调节喂条张力齿轮的齿数来达到调节导条辊与后罗拉间张力牵伸的目的。

## (六) 粗纱质量控制

### 1. 粗纱条干不匀率

粗纱条干不匀率影响细纱条干不匀率和中长片段不匀率。粗纱条干不匀率即 CV 值的控制范围见表 4-19。

表 4-19　粗纱条干不匀率即 CV 值的控制范围

| 纺纱品种 | 纯棉粗梳纱 | | | 精梳纱 | 化纤及化纤混纺纱 |
|---|---|---|---|---|---|
| | 粗特纱 | 中特纱 | 细特纱及特细特纱 | | |
| CV 值 | 6.1%～8.7% | 6.5%～9.1% | 6.9%～9.5% | 4.5%～6.8% | 4.5%～6.8% |

粗纱工序产生条干不匀的主要原因有：牵伸元件不正常、工艺设计不合理、操作不当及其他（如车间相对湿度过低、锭翼严重摇头、喂入棉条的条干严重不匀）。

**2. 粗纱定量和重量不匀率**

同一品种纺出定量过重或过轻，与原棉变动、捻度改变、温湿度变化和伸长率变化有关，一般粗纱机上不调整牵伸齿轮，但必须注意细纱机上重量偏差的变化，及时调节。

**3. 粗纱张力和粗纱伸长率**

纺纱时要求粗纱张力保持适当，既不破坏输出须条的均匀度，又要保证足够的卷绕密度。

实际生产中一般采用伸长率间接地反映粗纱张力的大小。影响张力变化的因素有原料、粗纱定量、锭翼结构与材料、是否采用假捻器及假捻器的结构与材料、卷装尺寸、工艺速度、车间温湿度等。伸长率一般控制在 1.5%～2.5%，最大不宜超过 3%，锭子与锭子间的伸长率差异应控制在 1.5%以内。

## （七）粗纱工序加工化纤的技术要点

粗纱加工化纤，宜采用“大隔距、重加压、小张力、小捻系数”等工艺原则。这里以棉型涤/棉混纺和中长型涤/黏混纺为例进行介绍。

**1. 牵伸工艺**

**(1) 牵伸形式**　双胶圈牵伸装置的阶梯形下销以改为平销为宜。纺中长纤维时，在粗纱定量较重、粗纱牵伸不大的情况下，可采用三上四下曲线牵伸。

**(2) 粗纱定量和牵伸**　由于纺化纤时的牵伸力大，粗纱定量和牵伸应比纺棉时适当减小。

**(3) 罗拉隔距和胶辊压力**　化纤混纺时，粗纱机的罗拉隔距一般以主体成分的纤维长度为基础，并适当考虑混合纤维的加权平均长度。罗拉隔距和胶辊压力比纺棉时适当加大，胶辊压力一般比纺棉时大 20%～25%。

**2. 卷绕部分的工艺**

**(1) 粗纱捻系数**　纺化纤时的粗纱捻系数一般较纺纯棉时小一些，纺棉型化纤时为纺纯棉时的 50%～60%，纺中长化纤时约为纺纯棉时的 40%～50%。具体数据视原料种类和定量而定。

**(2) 粗纱伸长率**　加工化纤时，当须条自前罗拉输出后，须条由原来的受牵伸状态变为相对自由的状态，由于化纤的回弹性较大，会发生急速回缩。原则上只要保证前罗拉至锭翼顶端的这一段纱条不下坠，尽量控制较小的粗纱伸长率。一般情况下，涤/棉混纺时的粗纱伸长率掌握在−1.5%～+1%范围内。

**(3) 粗纱成形角**　纺棉时，一般取半锥角为45°；纺化纤时，一般取半锥角为42°。

**3. 纱疵的形成原因和防止方法**

**(1) 纱疵种类和形成原因**　由于化纤的导电性差，对温湿度的影响较敏感，如果管理不良，粗纱工序容易出现粘(条子或粗纱互相粘连)、缠(罗拉和胶辊表面缠花)、挂(锭翼等通道挂花)和带(纱条中带入飞花等)四种弊病，使成纱出现竹节纱、粗经粗纬和突发性条干不匀等纱疵。

粗纺工序形成竹节纱的主要原因有粗纱接头不良、绒板花带入、机后条子粘连；形成粗经粗纬的主要原因有粗纱接头时搭头过长或包卷过紧、罗拉、胶辊和胶圈缠花、粗纱飘头、加压不足、胶辊有中凹或有大小头；突发性条干不匀常在气候突变、原料成分改变或牵伸部件损坏等情况下发生，机械因素主要有胶辊或胶圈芯子缺油、牵伸部分的齿轮磨灭、隔距走动、中罗拉抖动及齿轮啮合不良等。

**(2) 防止纱疵的方法**　加强胶辊胶圈的表面处理，对减少绕花有一定的效果，但应注意不要降低胶辊的硬度。加强温湿度控制，温湿度高时，纤维表面发黏，对牵伸不利，且易粘、易缠；温湿度低时，静电现象严重，同样容易粘、缠。生产经验表明，并粗工序的相对湿度应介于前纺与后纺之间，比前纺小些、比后纺大些，一般掌握在55%～65%。加强保全保养制度，保证正常的机械状态。

在实际生产中，纱疵种类更多，原因也更复杂，对于不同的纱疵，应分析其造成原因，对症下药。

## 八、细纱

### (一) 概述

**1. 细纱工序的任务**

牵伸、加捻、卷绕成形。

**2. 细纱机的发展**

我国细纱机的发展很迅速，优质、高产是追求的目标。通用性、系列化、大卷装、自动化、扩大适纺纤维范围等，是细纱机的发展方向。

20世纪50年代研制了以1291型、1301型、1293型等为代表的国产第一代细纱机，牵伸14～20倍，满足了当时国内新建厂的需要；随着化学纤维的广泛使用和国内外纺纱技术的发展，70年代研制了以A512型和A513型为代表的第二代细纱机；80年代开始，相继开发了第三代FA系列大卷装细纱机，机型有FA502～FA506、FA518、F1508、FA541、FA541A等，该系列细纱机在机器结构、传动精度、部件通用性、适纺范围、自动化等方面有了进一步的提高，通常采用SKF或INA-V形牵伸形式，主要特点为窄幅、高速、机电一体化程度高，其纺纱性能已接近国际先进水平。

细纱机主要机型的技术特征可参见《棉纺手册》及有关设备说明书。

## （二）牵伸工艺配置

### 1. 细纱机牵伸工艺配置

**(1) 牵伸部分的机构** 牵伸部分的机构主要包括牵伸罗拉、罗拉轴承、胶辊、胶辊轴承、胶圈、胶圈销、集合器、加压机构及吸棉装置等。

**(2) 牵伸工艺配置** 提高细纱牵伸能力的方法有两种。一是保持较小的后区牵伸，采用较高的前区牵伸；二是采用较大的后区牵伸，以达到提高总牵伸的目的。

**(3) 粗纱捻系数** 后区采用较小的牵伸时，适当提高粗纱捻系数，对降低细纱断头、提高成纱均匀度有利。粗纱捻系数的利用还应结合喂入粗纱定量、后区牵伸、中后罗拉隔距及加压和温湿度等因素。

### 2. 依纳V形牵伸工艺配置

在V形牵伸下，后区牵伸是为前区牵伸做准备的。当喂入前区的纱条结构均匀且有较高的紧密度时，前区形成均匀稳定的摩擦力界，成纱条干CV值和粗细节都随后区牵伸增大而增大，因此后区牵伸仍以偏小掌握为宜。V形牵伸也只有在后区牵伸较小的条件下，才能充分发挥它的优点。

## （三）细纱的加捻

### 1. 细纱捻系数的选择

细纱捻系数的选择取决于细纱品质的要求。一般要求经纱捻系数应大些，而纬纱经过的工序少且引纬张力小，为避免引纬扭结，捻系数可小些。纺相同线密度的细纱时，经纱捻系数比纬纱高10%～15%；针织用纱的捻系数接近于纬纱的捻系数，纱线品种不同，其捻系数也不同，棉毛衫用纱的捻系数较低，而汗衫要求有凉爽感，捻系数略大些；起绒织物与捻线用纱的捻系数较小。在保证成纱品质的前提下，生产中细纱捻系数应偏小选择，以提高细纱产量。

### 2. 细纱捻向的选择

为便于生产操作，一般采用Z捻。在化纤混纺织物中，为了使织物获得隐条等特殊风格，经纬纱常用不同的捻向。

## （四）细纱质量控制

细纱质量不仅与本工序工艺、机械、操作等技术管理工作有关，而且受清、梳、并、粗各工序半制品质量的影响。

### 1. 降低细纱条干不匀

通过合理选择牵伸工艺参数、合理布置摩擦力界、合理选择原料、提高半制品质量、加强机械维修保养工作来实现。

2. 减少捻度不匀

在实际生产中，由于加捻部件的运转不正常、操作管理制度不完善造成的细纱捻度不匀，主要反映为细纱工序的强捻纱和弱捻纱。

## （五）紧密纺纱技术

紧密纺是在传统环锭纺细纱机上进行适当改造而形成的一种新的环锭纺技术。

1. 紧密纺纱系统

根据紧密纺产生集聚作用的方式不同，紧密纺系统主要可分为两类：一种是气流集聚型紧密纺系统，主要通过负压气流力使集聚区内的纤维收缩而集聚；另一种是机械集聚型紧密纺系统，主要通过机械作用力使集聚区内的纤维横向收缩而集聚。目前，大都采用气流集聚作用。

2. 代表性紧密纺设备

主要指瑞士立达公司、德国绪森公司和德国青泽公司的紧密纺设备等。

3. 紧密纺纱线的特点

紧密纺纱线与环锭纺纱线相比，具有以下特点：

**(1) 成纱毛羽少**　紧密纱与传统环锭纱比较，毛羽明显减少。Uster 纱线毛羽仪测试结果显示，与传统环锭纺相比，3 mm 及以上的毛羽指数减少约 20%。

**(2) 强伸性能明显改善**　紧密纺纱的强力及伸长率大大提高，棉纱的最大断裂强力可提高 5%～15%，化纤纱的最大断裂强力提高 10%；普梳纱的断裂伸长率可提高 10%，精梳纱的断裂伸长率提高 15%。

**(3) 成纱条干好**　紧密纺中的纤维从前钳口输出后，受到气流集聚或机械集聚作用，纤维平行伸直度提高，纱线条干均匀度得到改善。

**(4) 成纱捻度可偏小掌握**　如果要获得与传统环锭纱相同的强力，紧密纺纱的捻度可以减少 20%左右。这样，除了可以提高产量、增加效益外，还可以获得特殊的纱线手感和风格。

4. 紧密纺工艺对后续工序的影响

整经断头率最高可以降低 30%，能提高整经的效率和生产率，解决了织造时经纱在开口过程中存在的纤维扭结问题。经纬纱都用紧密纱线，断头率至少可降低 50%；织物结构清晰，轮廓清楚，外观效果好，织物悬垂性得到明显改善，织物断裂和撕裂强力提高，起球减少，耐磨性改善。由于毛羽的减少，可以省去烧毛工序；纱线结构和捻度减少的影响，则使得吸收性能得到改善，可以节约染料和整理试剂；因毛羽减少，所以不容易堵塞网眼，使得印花效果更好。

5. 紧密纺技术的缺点

粗纱须条的横动动程小，使胶辊胶圈磨损较快，钢丝圈等部件的寿命较短，吸引孔、网眼胶圈处易结灰尘，使设备保养时间延长，开机成本提高。

紧密纱因毛羽较少，纱体光滑，空气捻结器的捻结效果较差，接头明显，影响纱线的美观和内在强力。

紧密纱多采用气流集聚，由于负压吸力的作用，其他工序产生的飞花易在此集聚，从而影响紧密纺工艺的效果，因此要改善生产的环境条件，加强清洁工作。

### （六）细纱工序加工化纤的技术要点

在现有细纱机上，采用棉型化学短纤维进行纯纺和混纺时，只需将牵伸部分的加压和隔距做适当调整；但纺 51～65 mm 中长纤维时，罗拉直径、加压等需做较大改动，必须进行工艺调整。

#### 1. 牵伸部分

化纤在牵伸加工时，牵伸力较大，牵伸效率较低，牵伸工艺应采用较大的罗拉隔距和较重的胶辊加压，并适当减小附加摩擦力界。

**(1) 罗拉隔距** 应与化纤长度相适应。纺 38 mm 涤纶短纤维时，前中罗拉中心距一般为 41～43 mm，中后罗拉中心距为 51～53 mm；纺中长纤维时，前中罗拉中心距为 68～82 mm，中后罗拉中心距为 65～88 mm。

**(2) 胶辊加压** 化纤除了牵伸力较大，还需有足够的握持力，以加强对纤维运动的控制。一般胶辊加压比纺棉时增加 20%～30%左右。

**(3) 总牵伸** 涤/棉混纺时，细纱机的总牵伸可比纺棉时稍大，一般为 30～50 倍。

**(4) 后区工艺与粗纱捻系数** 根据化纤在牵伸过程中牵伸力大的特点，后区工艺除增大后罗拉加压外，中后罗拉隔距应适当放大，粗纱捻数应适当减小。涤/棉混纺时，粗纱捻系数为纺纯棉时的 60%左右；纺中长纤维时，粗纱捻系数更应减小。后区牵伸一般为 1～1.5 倍，常用 1.35 倍，甚至更小。

**(5) 前区摩擦力界** 化纤因长度长、整齐度好，有利于牵伸过程中纤维运动的控制，因此纺化纤时牵伸区中胶圈钳口的隔距比纺棉时略大。

**(6) 吸棉装置** 提高吸棉真空度，可减少绕罗拉、缠胶辊现象。涤/棉短纤维混纺时，吸棉真空度宜为 588～686 Pa。

#### 2. 加捻卷绕部分

**(1) 细纱捻系数** 涤/棉混纺织物应具有滑、挺、爽的特点，因此其细纱捻系数一般较纯棉纱高。一般捻系数掌握在 360～390 范围内，但针织用纱的捻系数应降低。中长纤维的细纱捻系数一般为 263～310。股线与单纱捻系数的比值选择合适，可获得较好的产品风格和内在质量，股线与单纱的捻系数比值一般为 1.4～1.7，需经试验对比确定。

**(2) 钢领与钢丝圈型号的选配** 化纤纯纺与混纺时，钢丝圈的选用应考虑以下因素：

① 化纤的弹性好，易伸长，而且与钢丝圈的摩擦系数大，钢丝圈应偏重选择，纺棉型化纤时一般比纺棉时重 2～3 号，纺中长化纤时一般比纺棉时重 6～8 号。

② 在钢丝圈的圈形、截面设计及材料选用上，必须保证钢丝圈在高速运行时具有良好的散热条件。

③ 钢丝圈上的纱线通道要求光滑，并避免钢丝圈的磨损缺口与纱线通道交叉，以减少纱线发毛，保证纱线强力。

**3. 纱疵形成原因及防止措施**

**(1) 橡皮纱** 在牵伸过程中，纤维中超长纤维的头端已到达前罗拉钳口时，其尾端尚处于较强的后部摩擦力界的控制下，如果此时该纤维受到的控制力大于前罗拉给予的引导力，纤维会以中罗拉速度通过前罗拉钳口，即形成橡皮纱。关车打慢车时，由于纺纱张力减小也易产生橡皮纱。

防止措施：改进化纤原料本身的质量，如消除漏切、超长和刀口粘连、适当增大前胶辊加压、调整前中胶辊的压力比、加重钢丝圈、改进关车方法等。

**(2) 小辫子纱** 涤纶纤维的回弹性好，若捻度较大，停车时纱线由于捻缩扭结而形成小辫子纱。

防止措施：改进细纱机的开关车方法，开车要一次开出，不打慢车，关车在钢领板下降时进行，辊筒采用刹车装置以便于及时刹停等。

**(3) 煤灰纱** 空气过滤不良，化纤表面因存在油剂而易被煤灰沾污，形成煤灰纱。

防止措施：对空气净化度有更高要求。

**4. 温湿度控制**

合成纤维的湿度过高，则纤维表面水分增多，纤维发黏，容易缠绕；湿度过低时，纤维表面水分蒸发，静电增多也容易缠绕。纺合成纤维时对温度的要求比纺棉时更严格，夏季温度不宜过高，若高于 32℃，油剂发黏且容易挥发，静电现象严重；冬季温度不宜过低，若低于 18℃，纤维发硬不易抱合，加工也会导致纤维发硬、打滑，使断头增多。

合成纤维对各工序的吸放湿要求为：清花车间的回潮率大，有足够的湿度；细纱车间应重点掌握温度不过高、相对湿度不过低，且力求均匀。

## （七）细纱机技术的发展

进入 21 世纪以来，在消化吸收国外先进技术的基础上，推出了带自动落纱的细纱长机，每台细纱机的锭子数为 1 008～1 200 锭，国外最长细纱机有 1 632 锭。纵观纱细机技术发展，有以下特点：

(1) 采用性能优良的牵伸形式，具代表性的有德国 SKF 公司的 SKF 牵伸装置（国内消化吸收为 J142 型）、INA 公司的 V 形牵伸装置、瑞士立达公司的 R2P 牵伸装置和德国绪森公司的 HP 牵伸装置等。

(2) 自动化程度提高，国内外先进细纱机均有全自动集体落纱装置，具备自动换筒管、落纱后启动、生头和管纱自动运输等功能。

(3) 采用无级变速技术，实现高速运转。目前细纱机普遍采用变频电机来控制大、中、小纱时的卷绕张力，降低断头，节能降耗。随着自动落纱技术的应用，可实现小卷装高锭速运转，细纱锭速可超过 20 000 r/min。

(4) 采用紧密纺、赛络纺、复合纺等先进技术，使细纱机向多功能方向发展。目前细纱机可以生产紧密纺纱（毛羽少、强力高）、赛络纺纱（双根粗纱喂入、可生产混纺纱和双色纱）、包芯包覆纱(如氨纶包芯纱、长短丝包覆纱)及竹节纱、花式纱等新颖纱线。

## 九、后加工

### (一) 后加工工序的任务

**(1) 改善产品的外观质量** 通过烧毛、上蜡、络筒等去除纱疵和棉结杂质,改善条干均匀度和光洁度等。

**(2) 改变产品的内在性能** 通过并纱、捻线等提高成纱的强力。

**(3) 稳定产品的结构状态** 主要稳定纱线捻回。

**(4) 制成适当的卷装形式** 便于运输、储存和进一步加工,如制成筒子纱、绞纱或打成大包、小包等。

### (二) 后加工的工艺流程

**1. 单纱的工艺流程**

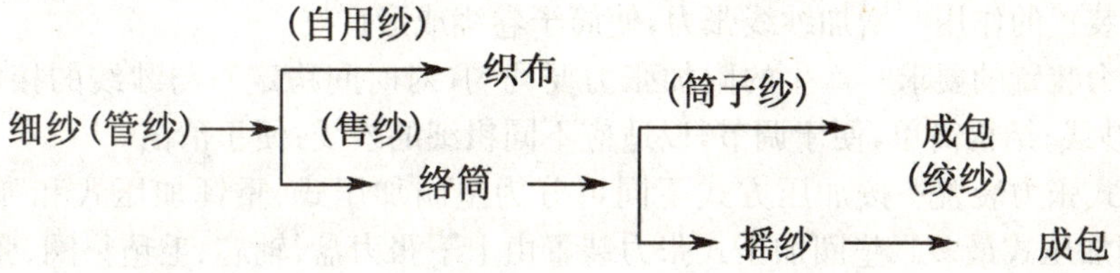


**2. 股线的工艺流程**

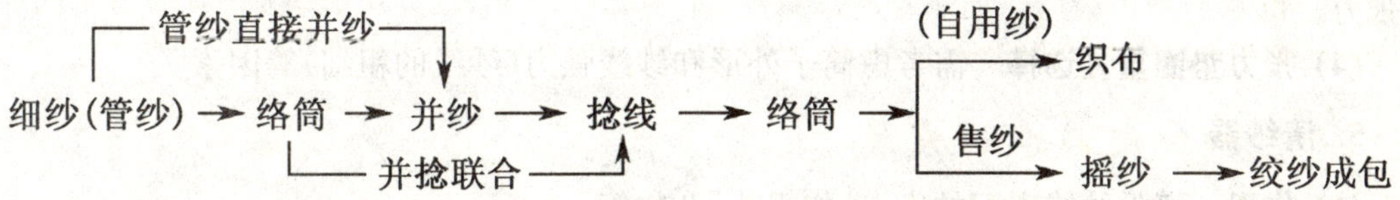


**3. 缆线的加工工艺流程**

缆线即经过两次并捻的多股线。第一次捻线工序称为初捻,第二次捻线工序称为复捻。工业用线如轮胎帘子布用线、多股缝纫线等需要进行复捻。

### (三) 络筒

**1. 络筒工序的任务**

接长纱线,清除纱线上的疵点、杂质。

**2. 对络筒工序的要求**

不损伤纱线原有的物理机械性质;制成的筒子容量大,结构坚实,便于储存和运输;纱线的接头小而坚固。

**3. 络筒机的工艺过程**

管纱 → 导纱器 → 张力盘 → 清纱器 → 导纱杆 → 探纱器 → 槽筒 → 筒子

- 导纱器：引导纱退绕并导向
- 张力盘：增大纱线张力
- 清纱器：清除纱线上的疵病
- 探纱器：用于断纱自停
- 槽筒：使筒子有规律地绕纱

**4. 络筒张力与张力装置**

**(1) 络筒张力**

① 张力大小对卷绕及质量的影响　张力过小→ 筒子容量小、卷绕不良 → 退绕时易产生脱圈和断头；张力过大→纱线受到的拉伸过大→纱线的强力和弹性下降。

② 络筒张力的主要来源　一是纱线退绕时由于气圈的作用所产生的张力；二是由于张力装置的作用所附加的张力；三是导纱机件对纱线的阻力。

③ 络筒张力控制　对于棉纱，其络筒张力≤纱线强力×15%～20%。

**(2) 张力装置**

① 张力装置的作用　增加纱线张力，使筒子卷绕成形良好。

② 对张力装置的要求　产生的附加张力要均匀(对时间稳定)；与纱线的接触表面光滑，不产生乱毛纱线；结构简单，便于调节，以适应不同粗细的纱线；便于清洁。

③ 圆盘式张力装置　按加压方式不同可分为垫圈加压式、重锤加压式和弹簧加压式三种，其中垫圈加压式最多。垫圈加压式张力装置由上下张力盘、轴芯、毛毡垫圈、张力垫圈及控制圈组成。

**(3) 加压原理**　纱线从上下张力盘之间通过时，张力盘和轴芯对纱线产生摩擦，使纱线产生张力。

**(4) 张力垫圈重量选择**　需考虑筒子外形和纱线强力(纱线的粗细)等因素。

**5. 清纱器**

**(1) 作用**　清除纱线表面的疵点，如粗节、杂物等。

**(2) 清纱器的类型**　有机械式和电子式两种。

① 机械式清纱器

A. 结构　由前盖板、固定清纱板、活动清纱板、后盖板、紧压弹簧、螺丝等组成。

B. 清纱原理　疵点在通过清纱器的缝隙时被除去。

C. 清纱板隔距　它是清纱器的一个重要参数，过大时则粗节和纱圈漏过；过小时则纱线易被刮毛，断头多。一般清纱隔距为纱线直径的1.5～2.5倍。

D. 特点　调整方便，适用于高速，但不能清除细节疵点，清纱板处易积尘屑，清除效率低，易刮毛纱线。

② 电子清纱器　有光电式和电容式两种。光电式电子清纱器由检测装置、转换与放大装置、鉴别系统、驱动装置组成；电容式电子清纱器的检测装置与光电式不同。

**6. 卷绕装置**

卷绕装置由槽筒和筒管组成，卷绕方式采用全动程螺旋式卷绕，其卷绕过程如下：

槽筒转动 → 筒管转动 → 纱线沿筒管周向卷绕
└→ 纱线沿螺旋沟槽轴向移动

## （四）并纱

### 1. 并纱的任务

(1) 将两根以上的单纱并合在一起；
(2) 清除纱上的杂质与疵点；
(3) 制成张力均匀一致的筒子。

### 2. 工艺流程

纱筒插杆→单纱筒子→导纱钩→张力垫圈装置→落针→导纱罗拉→槽筒→筒子

### 3. 并纱机的断头自停机构

作用：保证并合根数，当某一纱管用完时，使筒子与槽筒脱开。
断头自停机构的数量：等于单纱的根数。

## （五）捻线

### 1. 捻线的任务

将两根或两根以上的单纱捻合在一起。

### 2. 捻线的效果

股线与同样粗的单纱相比有以下特点：改善条干不匀、强力增加、弹性及伸长率变化、增加耐磨性、光泽和手感变化。

### 3. 捻线机的种类

单捻机：用并纱筒子喂入，每个并纱筒子供给一个捻线锭子，如 A631 型。
并捻联合机：用数个单纱筒子喂入，边并边喂，如 A631B 型。

### 4. 干捻与湿捻

干捻：并纱在未经水槽浸湿的状态下加捻，产量高，如 A631 型。
湿捻：并纱经水槽浸湿后加捻，股线毛羽少，表面光洁，结构稳定，如 A631A 型。
一般情况下采用干捻；特种用途的纱线采用湿捻，如轮胎用帘子线。

### 5. 捻线机的工艺流程

导纱杆 → 导纱器 → 上罗拉 → 断头自停装置 → 下罗拉 → 导纱钩 → 钢丝圈 → 管纱
└→ (浸水槽)

有浸水槽为湿捻，无浸水槽为干捻。

**6. 股线加捻有关理论分析**

**(1) 同向加捻** 外层纤维的捻幅增加，内外层纤维的捻幅差异大，应力与变形的差异也很大。股线结构外紧内松，手感较坚实，光泽及捻回稳定性较差，回弹性高，渗透性差。同向加捻时，股线强力增加很快，所用捻系数较小，适用于要求不高的股线。

**(2) 反向加捻** 捻幅较均匀，纤维的应力与变形的差异小，股线具有较好的强力、光泽和手感，捻回稳定且捻缩小，所以多采用反向加捻。

**7. 股线股数、捻向及捻系数的选择**

**(1) 股线股数** 根据股线的用途确定，一般衣着用线采用 2 股；缝纫用线采用 3 股。单纱根数大于 5 股时，一般采用复捻工艺。

例如，加工棉帘子线时，采用 27×5×3 的结构，即单纱细度为 27 tex，初捻为 5 股并合，复捻为 3 股并合，共 15 根单纱。

**(2) 捻向** 股线与单纱的捻向相反(ZS)时，股线中的纤维受力均匀，强力大，手感柔软，光泽好，采用较多。股线与单纱的捻向相同(ZZ)时，股线坚实，光泽差，伸长率大，一般用于编织花边等。

**(3) 捻系数** 捻系数比(捻比)指股线捻系数与单纱捻系数之比。衣着类织物的捻比一般为 1.2～1.4。单纱捻系数大时，捻比可小；反之则大。对于光泽和手感好的特种股线，捻比可选择 0.7～0.9。

**8. 倍捻**

倍捻机的锭子一转，对纱线加上 2 个捻回，故称“倍捻”。倍捻机不使用钢丝圈和钢领，锭速不受钢丝圈速度的限制，所以它是一种高产大卷装的捻线机，但存在结构复杂、尺寸较大、耗电多和接头不便等缺点。

## (六) 摇纱与成包

**1. 摇纱**

**(1) 摇纱的任务** 将筒子纱摇成规定重量的绞纱，以便成包。

**(2) A734 型摇纱机的工艺流程**

筒子→导纱钩→落针(断头自停)→玻璃棒→导纱器→纱框

**2. 成包**

**(1) 筒子成包** 棉纱在公定回潮率 8.5%时，50 kg 为一袋包，100 kg 为一件包，10 个件包重一吨。

**(2) 绞纱成包** 棉纱在公定回潮率 8.5%时，每小包的重量为 5 kg；20 个小包为一件包，重 100 kg；每 40 个小包为一大包，重量为 200 kg；每 10 个件包或 5 个大包重一吨。

## (七) 后加工技术的发展

后加工设备包括络筒、并纱、捻线、烧毛、摇纱成包和蒸纱等。随着技术进步，后加工设备更加先进。如络筒机，原来以1332型为主体，目前已广泛采用自动络筒机，其络纱速度、功能和自动控制技术均比普通络筒机提高；加工股线的设备，普遍采用高速并纱机与倍捻机技术，与1381型并纱机和A631E捻线机相比，速度提高，卷装容量加大，结头减少，有利于成品质量提高；蒸纱机的采用有效地提高了纱线捻回的稳定性，减少了织造过程中疵点的产生，并提高了织造生产效率；采用纱线烧毛和纱线丝光技术，则可显著提高产品附加值。

## 技能训练与能力拓展

**1. 简述纺19.5 tex棉/羊绒(92/8)混纺纱的工艺流程。**

B262型和毛机→A002D型自动抓棉机→A006B型自动混棉机→A036B型豪猪式开棉机→A036B型豪猪式开棉→A092A型双棉箱给棉机→A076C型单打手成卷机→A186C型梳棉机→FA306型头道并条机→FA306型末道并条机→FA401型粗纱机→FA503型细纱机→1332MD型络筒机。

**2. 涤纶与棉的梳棉工艺有何不同？为什么？**

涤纶为化纤，其原料特点是杂质少、纤维长、整齐度好、强度高、静电大、回弹性好。

**(1) 在分梳元件方面**

锡林针布：大角度、浅齿、弧背，以增加转移，防止绕锡林；

道夫：道夫转移率要大，角度与锡林差值比棉大；

盖板：植针密度应稀些，盖板花较少；

刺辊：大角度薄型齿条，对化纤的穿刺、分梳效果较好。

**(2) 在工艺配置方面**

放大“速比”“隔距”“工作面长度”；加大“压力”；减少“落棉”；减小“速度”。

**3. 配棉中的分类排队是什么意思？达到什么目的？**

分类就是把适合纺某种细度和用途的纱线的原棉挑选出来归为一类，组成该种线纱的混合棉，这是配棉工作的第一个步骤；排队就是把同一类的原棉中地区或质量相近的原棉挑选出来列为一队，准备接批时使用。

目的：从进厂时间不同、数量和质量不等的多种批号的原棉中选出若干批号组成一种混合棉，使其既能满足某种细度和用途的纱线质量要求，又能降低成本并保持较长时间的质量稳定。

**4. 从输入至输出，辊筒(打手)与尘棒之间的隔距有何变化？**

打手与尘棒间隔距为由小到大，以防止因棉块总体积增加而堵塞，有利于分离纤维杂质；尘棒与尘棒间隔距应由大到小，先落大杂，后落小杂，早落少碎。

**5. 如何选择粗纱捻系数？**

确定粗纱捻系数时应考虑以下因素：

(1) 粗纱定量：定量大时，纤维根数多，粗纱抱合力大，捻系数可偏小。

(2) 精梳与普梳：精梳纱的纤维长度与整齐度都较好，可偏小掌握，同粗细时精梳纱的捻系数比粗梳纱低10%左右。

(3) 纤维品种：化纤的长度长，化纤之间的摩擦系数大，其捻系数一般约为纯棉的60%，中长化纤的捻系数约为纯棉的50%。

(4) 车间温湿度：温度高时，棉纤维表面的棉蜡融化，摩擦系数减小，捻系数应大；湿度大时，棉纤维之间的摩擦系数增大，捻系数应小。

**6. 前罗拉直径为 28 mm，转速为 250 r/min，粗纱锭子转速为 800 r/min，粗纱捻度为多少？**

$$T_t = \frac{800}{3.14 \times 28 \times 250} \times 100 = 3.64\ (\text{捻}/10\ \text{cm})$$

**7. 说明并合降低棉条不匀率的原因以及均匀效果和并合根数的关系。**

梳棉生条粗细不匀，当两根棉条在并条机上并合时，由于并合的随机性可能产生以下情况：粗段与细段，粗段与粗细适中，细段与粗细适中，最粗与最粗，最细与最细。前三者可能都可以使条子均匀度得到改善，后者虽不能使棉条均匀度提高，但也不会恶化。棉条并合根数越多，粗段与粗段、细段与细段相遇的机会越少，其他情况相遇的机会越多，改善产品均匀度的效果越好。设有 $n$ 根棉条，它们的 5 m 长度的片段平均重量及不匀率 $H_0$ 相等，则并合后产品的不匀率 $H=\frac{H_0}{\sqrt{n}}$，可见并合根数越多，并合后棉条的不匀率越低。考虑并合与牵伸的综合效果，一般采用 6～8 根并合。

**8. 什么叫摩擦力界？影响摩擦力界的因素是什么？**

在牵伸区域中，须条受到压力和张力，纤维在牵伸运动时受到摩擦力作用的空间称为摩擦力界。其影响因素有：

(1) 罗拉压力：压力增加时，钳口内的纤维被更有力地握持，由于胶辊及须条本身的变形，须条在上、下罗拉接触的边缘点外移，摩擦力界的长度扩展，摩擦力界分布的峰值也增大。

(2) 罗拉直径：罗拉直径增大时，同样的压力分配在较大的面积上，所以摩擦力界分布曲线的峰值减小，但分布长度扩大。

(3) 须条定量：须条定量增加时，一般紧压后须条的厚度与宽度均有所增加，此时摩擦力界分布曲线的长度扩展，但因须条单位面积上的压力减小，使摩擦力界的峰值降低。

**9. 影响细纱机纺纱段捻度的工艺因素有哪些？**

影响细纱机纺纱段捻度的工艺因素大致有以下几个方面：

(1) 纺纱段长度：当前罗拉中心到锭子中心的垂直距离和前罗拉直径一定时，纺纱段长度随导纱钩到前罗拉中心水平线的垂直距离而变化，因纺小纱时的纺纱段长度比纺大纱时长，易造成断头。

(2) 导纱角：导纱角随导纱钩到前罗拉中心水平线的垂直距离减小而减小，故纺大纱时导纱钩的捻陷严重，从而影响捻度的传递效率。

(3) 前罗拉包围弧：纺小纱时前罗拉对纱条的包围角较大，即包围弧较长，则加捻三角区的无捻区长度增加，前钳口处的捻度减少。

(4) 气圈高度：纺小纱时的气圈高度较纺大纱时高，此时，气圈凸形大，捻陷严重，纺纱段捻度较小。

**10. 设喂入棉卷定量为 460 g/m，输出生条定量为 20 g/5 m，求实际总牵伸；如果落棉率为 6.85%，试确定其机械牵伸。**

实际牵伸等于棉卷定量与生条定量之比，即

$$E_p = 460 \times 5/20 = 115(\text{倍});$$

机械牵伸与实际牵伸的关系为

$$E_p = (1+p)E_m,$$

因而，$E_m = E_p/(1+p) = 115/(1+6.85\%) = 107.628$(倍)。

**11. 涤/黏混纺时的设计干重混比为 65/35，若涤纶和黏纤的实际回潮率分别为 0.4% 和 13%，求涤/黏混纺时的湿重混比。**

根据混比计算公式

$$x/(1-x) = y/(1-y) \times (1+m_1)/(1+m_2)$$

式中：$x$——涤纶的湿重混比；

$y$——涤纶的干重混比；

$m_1$——涤纶的实际回潮率；

$m_2$——黏纤的实际回潮率。

代入已知数据得

$$x/(1-x) = 0.65/0.35 \times 1.004/1.13$$

解得 $x = 62.3\%$，$1-x = 37.7\%$，所以涤/黏混纺时湿重混比为涤纶占 62.3%、黏纤占 37.7%。

**12. 两针面发生作用的条件是什么？什么是分梳作用？**

(1) 条件：两针面有一定的针齿密度，以便对纤维产生足够的握持力；两针面间要有较小的隔距，使纤维能够与两针面的针齿充分接触；两针面间要有相对运动。

(2) 分梳作用：两针面的针齿相互平行配置，彼此以本身的针尖迎着对方的针尖相对运动，则可得到分梳作用。

**13. 试述清棉机影响开松除杂作用的主要工艺参数。**

影响清棉机开松除杂作用的主要工艺参数有：

(1) 打手速度：打手速度高，在一定范围内增加打手的打击次数，可提高开松除杂效果；但打手速度太高时，易打碎杂、损伤纤维和落白花。

(2) 打手与天平曲杆工作面间的隔距：此隔距影响梳针刺入纤维层的深度，隔距小，开松效果好;但隔距过小,容易损伤纤维。

(3) 打手与尘棒间的隔距:该隔距小,尘棒阻滞纤维的能力强,开松、除杂效果好;但隔距过小,容易阻塞通道,产生疵点。

(4) 尘棒与尘棒间的隔距:此隔距主要根据喂入原料的含杂内容和含杂量而定。

**14. 粗纱加工化纤时,采取哪些措施可减小缠皮辊、缠罗拉现象?**

粗纱加工化纤时,产生缠皮辊、缠罗拉现象的原因是化纤的导电性差,对温湿度的影响较敏感,从而造成竹节纱、粗经粗纬和突发性条干不匀等纱疵。防止方法有:

(1) 加强皮辊圈表面处理,要求表面光洁、颗粒细、硬度大、耐磨性好,可进行化学涂料、酸处理等。

(2) 加强温湿度控制,温湿度高时,化学纤维表面发黏,对牵伸不利,且易黏、易缠;温湿度低时,静电现象严重,同样容易黏缠。一般相对湿度掌握在55%～65%。

**15. 什么是千锭时断头?降低细纱断头率的措施有哪些?**

细纱断头率以一千锭每小时的断头根数表示,即千锭时断头。

降低细纱断头率应做好:第一,提高纺纱强力;第二,稳定张力,包括控制气圈形态、稳定钢丝圈的运动、保持加捻卷绕部分正常的机械状态;第三,加强日常管理工作,包括加强保全保养工作、整顿机械状态、掌握运转规律、提高操作水平、加强配棉和工艺管理及温湿度管理工作。

**16. 弱捻纱产生原因及对后部的影响是什么?**

弱捻纱产生原因主要有:(1) 压带轮加压小(锭盘传动的压带轮);(2) 锭带过长、跑偏、损坏,造成强力不足;(3) 锭钩磨锭盘;(4) 锭子缺油或有杂物;(5) 跳管或管内有回丝。

对后部的影响主要表现为成品强度低,易断头。

**17. 细纱挡车工在巡回处理工作时,"三先三后"的接头方法是什么?**

三先三后是指:

(1) 先易后难,先接容易接的断头,再接难接的断头。

(2) 先紧急后一般,先接影响质量的断头,后接一般的断头;断头多时,先接吸棉管两端的断头,其他断头有意识地不接,待下一个巡回时再接;断头不多时,一般不宜有意识地漏头;遇到快用完的粗纱和断头时,先换粗纱后接头,若粗纱已空管,应先接头后换纱。

(3) 相邻的几个锭子断头时,先接右边,后接左边,以便于双手连续操作,节约时间。

**18. 什么叫单唛头纺纱?**

纺织原料特别是原棉的包装,将包头刷的产地、批号、等级、重量等标识称为唛头。单唛头纺纱是指用一个批次的原料纺纱。

**19. 什么是精纺纱,什么是半精纺纱?**

半精纺纺纱是指不经过精梳,可以纺制16.67 tex以下的纱线,已能适应一般轻薄织物的需要,成纱率较高,成本较低。精纺纺纱则经过精梳以除去短纤维,纺纱细度可以达到10 tex,

成本较高,因纱线强力较低而需要与其他纤维混纺,适用于特殊的轻薄织物。

半精纺纱线与精纺纱线的区别主要在生产工艺上。精纺纱比普通纱多1道精梳准备与精梳工艺;半精纺纱由精纺生条与普纺生条混合并条而成,俗称半精纺,质量介于普梳纱和精纺纱之间。

**20. 配棉时怎样节约纺纱成本?**

原棉是按质论价的,不同纤维长度、不同等级的原棉,价格差别很大。原棉投资在棉纱成本中占50%~85%(视品种而异),如果选用的原棉等级较高,虽然成纱质量可以得到保证,但是生产成本增加,意味着利润的降低。因此,配棉应从经济效益出发,控制配棉单价和吨纱用棉量,力求节约原棉成本。例如,在纤维长度较短的配棉中,适当混用一定比例的长度较长的低级别原棉,不仅不会降低成纱质量,相反可以提高成纱强度;原棉下脚、回花、精梳落棉、再用棉等成分,可按一定比例回用,也可以起到降低用棉成本、节约用棉的效果。

**21. 简述纯棉纺、精梳涤/棉混纺的并条工艺道数。**

纯棉纺普梳:一般2道并条、1道粗纱,符合奇数法则,须条以后弯钩形式喂入细纱机。

纯棉纺精梳:精梳前1道预并加1道条卷,符合偶数法则,须条以前弯钩形式喂入精梳机;精梳后无自调匀整采用2道并条,有自调匀整采用1道并条。

涤/棉混纺一般经3道混并,减少色差。

精梳涤/棉混纺:涤需预并,以降低生条重不匀,控制定量,保证混纺比,使条子结构与精梳棉条相适应;然后经3道混并,混合均匀,以减少色差。

**22. 简述彩棉纺纱的清棉工序特点。**

由于彩棉含糖较高,为了防止后道各工序中发生黏卷、卷罗拉等现象,在清花工序对彩棉加适量的去糖剂,并进行预开松。针对彩棉纤维长度短、细度细、含杂高、强度低等特点,在清棉工序采用“勤抓少抓,多梳少打,充分混合”的工艺原则,适当减小打手与尘棒间隔距,增大尘棒间隔距,加大落棉,从而增加除杂效果。因彩棉含杂较高,70%的大杂质需在清花工序除去,以减小梳棉的负荷,所以在清花工序采用本白棉与彩棉分开抓取成卷的工艺原则,避免本白棉与彩棉在抓棉机内进行混合。在抓棉机内混合,虽然混合比较充分,但混纺比不容易掌握。为了达到准确的混纺比,故采取在预并条工序进行混合的方法。

**23. 说明赛络纺的技术特征。**

赛络纺是在传统环锭细纱机上纺出类似于股线结构的纱线的一种纺纱方法。赛络纺技术最早在毛纺中得到应用,后逐步应用于棉纺。赛络纺纱采用两根粗纱从喇叭头喂入,在前后牵伸区仍然保持两根须条的分离状态,从前钳口输出一定长度后合并,并由同一个锭子加捻,形成具有双股结构特征的赛络纱。

赛络纺的同向同步加捻使其纱线具有特殊的结构,赛络纺纱表面的纤维排列整齐,纱线结构紧密,毛羽少,抗起毛起球性好。赛络纱的成纱毛羽、条干、强度优于环锭纱,但细节较环锭纱差。赛络纺织物和股线织物相比,手感柔软,比较平滑。赛络纺纱可用于机织物和针织物,也可替代股线用于高支高密织物。

**24. 简述各种纺纱方法的适纺性。**

| 项　目 | 环锭纺 | 转杯纺 | 喷气纺（MJS） | 喷气涡流纺（MVS） | 摩擦纺 DF-2000 | 涡流纺 |
|---|---|---|---|---|---|---|
| 适纺纤维 | 56 mm 以下棉型纤维及化纤 | 56 mm 以下棉型纤维及化纤 | 56 mm 以下化纤及化纤与棉混纺 | 56 mm 以下纯棉及棉型化纤与混纺 | 各种低级粗纤维及下脚料 | 56 mm 以下腈纶及混纺 |
| 最适纺的纤维 | — | 纯棉 | 涤，涤/棉混纺（T/C 极限比例为 40/60） | 纯棉，棉与化纤混纺（化纤比例不能过高） |  | 腈纶 |
| 适纺细度（dtex/英支） | 23.3～364.4/250～16 | 277.7～971.8/21～6 | 72.9～182.2/80～32 | 97.2～145.8/60～40 | 728.9～2 332.4/8～2.5 | 364.4～971.8/16～6 |
| 最适纺的细度（dtex/英支） | 72.9～291.6/80～20 | 364.4 以上/16 以下 | 97.2～129.6/60～45 | 97.2～145.8/60～40 | 728.9～1 166.2/8～5 | 364.4～971.8/16～6 |

**25. 简述各种纺纱方法的成纱机理。**

| 环锭纺 | 转杯纺 | 喷气纺（MJS） | 喷气涡流纺（MVS） | 摩擦纺（DF-2000） | 摩擦纺（DF-3000） | 涡流纺 |
|---|---|---|---|---|---|---|
| 非自由端纺纱 | 自由端纺纱 | 自由端纺纱 | 自由端纺纱 | 自由端纺纱 | 非自由端纺纱 | 自由端纺纱 |
| 加捻点为钢丝圈，由此向上传递，经导纱钩到前罗拉钳口。前罗拉钳口输出的须条在此处形成加捻三角区，由于受力不匀产生纤维内外转移 | 自由端成环状纱尾，随杯子回转而加捻。引纱管处的假捻盘使杯内纱段的捻度比正常多。由于纱尾的回转，输入杯内的纤维部分成为搭桥纤维，形成转杯纱的外缠绕纤维特征 | 前罗拉输出扁平须条，由头端自由的边纤维在两喷嘴的作用下，形成假捻退捻包缠，纱芯纤维基本平行，外表包扎纤维形成包缠纱。由于边纤维受捻时的时差和捻差产生纱的外层除包缠纤维外还存在一定数量的真捻 | 纤维从似螺旋形的输送管道通过引导针进入空心锭的入口处。纤维一端在喷气涡流场的作用下被吹散（分离），并随涡流在空心锭的顶端旋转加捻。纱芯纤维约30%近乎无捻平行，离开纱芯纤维的结构类似环锭纱 | 纤维垂直向下送入吸气尘笼三角区，受两尘笼辊筒搓动而成纱。因纤维运动转向，伸直度受到破坏 | 纤维垂直向下送入吸气尘笼三角区，与水平喂入的单纱或单丝汇合，一起搓捻成包芯纱 | 纤维在涡流场中，在上下涡流平衡处，形成旋转的纱尾环，旋转加捻。纤维转移、凝聚、伸直、加捻成纱全部在涡流场内利用气流完成。纤维伸直度受干扰，纤维平行度、定向性很差 |

实训项目五

# 机织工艺

## 实训目标

**实训任务**

通过实习，熟悉机织工艺流程、各工序任务、常用设备型号及组成机构、机织物生产的主要工艺选择与设计、机织物生产质量与工艺的关系。

**知识目标**

1. 熟悉机织工艺流程、各工序主要任务、机构特点；
2. 掌握不同机织工序的工艺要点、各工艺与机织物生产及质量的关系。

**能力目标**

1. 会对机织物进行机织工艺设计和工艺参数制定；
2. 能够分析机织物生产质量与机织工艺的关系。

## 知识梳理

### 一、机织物生产工艺流程

由于织物的原料、品种和用途不同，织造生产工艺流程也不尽相同，但各类织物主要工序的生产工艺流程都有其共同之处。

**1. 纯棉织物生产工艺流程**

经纱：筒纱→整经→浆纱→穿经(结经)┐
　　　　　　　　　　　　　　　　　├→织布→整理→打包入库
纬纱：筒纱────────────────┘

**2. 化纤混纺织物生产工艺流程**

经纱：筒纱→整经→浆纱→穿经(结经)┐
　　　　　　　　　　　　　　　　　├→织布→整理→打包入库
纬纱：筒纱→定形─────────────┘

**3. 色织品种工艺流程**

(1) 经纱:筒纱→松式络筒→筒子染纱→整经→浆纱→穿筘
纬纱:筒纱→松式络筒→筒子染纱
→织布→整理→打包入库

(2) 经纱:筒纱→松式整经→经轴染纱→浆纱→穿筘
纬纱:筒纱→松式络筒→筒子染纱→倒筒
→织布→整理→打包入库

**4. 长丝织物生产工艺流程**

(1) 经纱:长丝→分批整经→浆丝→并轴→穿结经
纬纱:长丝
→织布→整理→打包入库

(2) 经纱:长丝→络丝→捻丝→定捻→倒筒→分条整经→穿结经
纬纱:长丝→络丝→捻丝→定捻→倒筒
→织布→整理→打包入库

(3) 经纱:涤纶空变丝、网络丝→分条整经→穿结经
纬纱:涤纶复丝、空变丝、网络丝
→织布→整理→打包入库

**5. 大卷装生产工艺流程**

在制织产品的过程中,增加织物的下机卷装容量,一般长度在数连匹(数百米)以上的称为大卷装。

织物大卷装改变了由原来的布卷到整理后验布、定等、整修、打包等内容,采取布卷到整理后直接包装入库的方式,所以对原纱的质量、半成品质量和织造过程中的质量控制以及值车工的操作技能水平提出了更高的要求。实行织物大卷装可以促进和提高下机质量,能够达到减少用工、提高成品价格和更适合外贸出口要求的良好效果。大卷装工艺流程为:

经纱:筒纱→整经→浆纱→穿经(结经)→织造→包装入库
纬纱:筒纱→络筒→(定形)→织造

## 二、织造各工序

### (一) 络筒

**1. 络筒任务**

(1) 将管纱卷绕成具有一定形状、大小且成形良好的筒子;
(2) 清除纱疵、杂质,提高纱线质量;
(3) 使筒子具有一定的卷绕密度和一致的卷绕张力,满足后工序的要求。

**2. 络筒设备**

**(1) 普通络筒机** 1332MD型络筒机。

**(2) 自动络筒机** 日本村田 No. **7**-Ⅴ型；意大利 Savio-Espro 型；德国 Autoconer-**238** 型等。

## (二) 整经

**1. 整经任务**

将一定数量的经纱按工艺设计规定的长度和幅宽，以适宜、均匀的张力平行卷绕在经轴或织轴上的工艺过程，为经纱上浆并合成织轴做好准备。

色织物整经的任务是按织物的配色循环、经纱根数、长度和幅宽等工艺设计要求，直接卷绕成织轴。

**2. 整经要求**

(1) 全片经纱张力均匀一致；

(2) 全片经纱排列均匀，经轴表面平整；

(3) 经轴卷绕圆整，卷绕密度适当而均匀，边纱卷绕结构正常；

(4) 整经根数、整经长度、色纱排列符合工艺要求；

(5) 接结质量符合要求。

**3. 整经方法**

**(1) 分批整经** 分批整经又叫轴经整经，将织物所需的总经根数分成几批，分别卷绕在经轴上，每一批纱片的宽度都等于经轴的宽度，每个经轴的经纱根数尽可能相等，卷绕长度根据整经工艺确定。然后在浆纱机或并轴机上将几个经轴合并，并按工艺规定的长度卷绕成织轴。

优点：生产效率高，整经质量好；先整后浆，浆纱效果好。

缺点：浆回丝多，品种适应性不广。

适用：原色或单色织物，花型较简单的色织物的大批量生产。

设备：1452 型，整经速度为 300 m/min；瑞士本宁格，整经速度为 1 000 m/min。

**(2) 分条整经** 分条整经是将织物所需的经纱分成若干部分，每个部分以条带状卷绕在一个大辊筒上，整经长度达到要求后剪断固结，依次卷第二条、第三条……直到加工完工艺设计所定的条数为止，然后将所有条带一齐从大辊筒上退解出来，卷绕到织轴上。

优点：品种适应性广，排花型方便，回丝少，不需上浆的产品可直接获得织轴。

缺点：生产效率低，张力不易均匀，速度慢；先浆后整，浆膜易破坏，浆纱质量较差。

适用：广泛适用于花色品种多变的小批量色织，毛织、丝织和复制生产。

设备：G121 型、G122 型、哈科巴 US 型、本宁格 SC-P 型等。

**(3) 分段整经** 将全幅织物的经纱分别卷绕在数个狭幅经轴上，然后将数个小经轴的经纱同时退解并卷绕到织轴上。适用对称花纹的有色整经及针织经编织物生产。

**(4) 球经整经** 先将经纱引成绳状纱，绳状纱以交叉卷绕结构松软地卷成球形，为染色做准备，纱条染色烘干后再经拉经机把经纱分梳成片状，并卷绕成经轴。

**(5) 整浆联合法** 用整浆联合机完成整经和上浆，得到已上浆的经轴，再通过并轴机把几个经轴合并成织轴。

**4. 分批整经工艺**

分批整经工艺设计以整经张力设计为主，并包括整经速度、整经根数、整经长度、整经卷绕密度等内容。

**(1) 整经张力** 整经张力与纤维材料、纱线线密度、整经速度、筒子尺寸、筒子架形式、筒子分布位置及伸缩筘穿法等因素有关。工艺设计时应尽量保证纱线张力均匀、适度，减少纱线伸长。

整经张力通过张力装置工艺参数(张力圈重量、弹簧加压压力、摩擦包围角等)以及伸缩筘穿法(分排穿法、分层穿法、分段穿法)进行调节。

工艺设计的合理程度可以通过仪器测定来衡量，常用的测试仪器为机械式或电子式单纱强力仪。在配有张力架的整经机上，还需调节传感器的位置、片纱张力设定电位和导辊的相对位置等。

**(2) 整经速度** 目前高速整经机的最大设计速度在 1 000 m/min 左右。随着整经速度的提高，经纱断头将增加，从而影响整经效率。

鉴于目前纱线质量和筒子卷绕质量还不够理想，整经速度以 400 m/min 左右的中速度为佳。片面追求高速度，会引起断头率剧增，严重影响机器效率。新型高速整经机使用自动络筒机生产的筒子时，整经速度一般在 600 m/min 以上。整经幅宽大、纱线质量差、纱线强力低、筒子成形差时，速度宜稍低。

**(3) 整经根数** 整经轴上纱线的排列根数由织物的总经根数和筒子架容量决定，但必须遵循多头少轴的原则，以避免纱线排列过稀使卷装表面不平整，造成片纱张力不匀。此外，为管理方便，各轴的整经根数要尽量相等或接近相等。

① 一次并轴的整经轴数

$$n = \frac{P_z}{K} \tag{5-1}$$

式中：$n$—— 一次并轴的经轴数；

$P_z$—— 总经根数；

$K$—— 筒子架容量。

② 每轴整经根数

$$m = \frac{P_z}{n} \tag{5-2}$$

式中：$m$——每轴的整经根数。

**(4) 整经长度** 经轴卷绕长度应为织轴绕纱长度的整数倍，并尽可能充分利用经轴的卷绕容量。先初步计算经轴的卷绕长度：

$$L_1 = \frac{1\,000\,V_s \times \gamma}{N_t \times m} \tag{5-3}$$

式中：$L_1$——初定经轴的卷绕长度(m)；

$V_s$——经轴的最大容积($cm^3$)；

$\gamma$——经纱卷绕密度($g/cm^3$)；

$N_t$——经纱线密度(tex)。

计算浆纱时制成的织轴个数：

$$n_1 = \frac{L_1}{L_2} \tag{5-4}$$

式中：$n_1$——浆纱时制成的织轴个数(应取整数部分)；

$L_2$——织轴的绕纱长度(m)。

计算经轴的实际绕纱长度：

$$L = \frac{L_2}{n_1} + L_3 + L_4 \tag{5-5}$$

式中：$L_3$——浆纱回丝长度(m)；

$L_4$——白回丝长度(m)。

**5. 整经机产量**

**(1) 理论产量($G_1$)** 整经机理论产量是指在理想的无停台运转条件下机器每小时卷绕经纱的重量，单位为"kg/(台·h)"，其计算方法如下：

$$G_1 = \frac{60vnN_t}{1\,000 \times 1\,000} \tag{5-6}$$

式中：$v$——整经速度(m/min)；

$n$——整经根数。

**(2) 实际产量($G_2$)** 整经机实际产量指在考虑停台的情况下单机台每小时的产量。

$$G_2 = G_1 \times \eta \tag{5-7}$$

式中：$\eta$——整经机的时间效率。

**6. 分条整经工艺**

分条整经工艺包括整经张力、整经速度、整经长度、整经条数、定幅筘计算等内容。

**(1) 整经张力** 对于分条整经来说，整经张力设计包括两个方面：一是纱线从筒子上退绕下来卷绕到大辊筒上所承受的张力，称为整经张力；另一方面是纱线从大辊筒上退绕下来再卷绕到织轴上所承受的张力，称为卷轴张力。这两种张力对织造能否顺利进行和布面质量有着很大的影响。如经纱所受张力过大，则会引起纱线过分的伸长及强力和弹性受损，从而在织造过程中纱线断头增加，生产效率降低。反之，如果张力过小，则会造成卷装松弛，成形不良，且在下次退绕时外层易嵌入内层。另外，张力不匀或波动过大，也有碍于整经速度的提高，甚至会严重影响织物的品质。尤其是片纱张力不匀，对织物外观的影响更为明显。所以，整经时应力求纱线所受的张力均匀、稳定、波动小。

用轴向退绕的圆锥形筒子进行整经时，构成纱线张力的主要因素包括纱线退绕时的初张力、张力装置引起的张力以及由于导纱机件的摩擦所引起的张力等。由于筒子架的形状、筒子的卷绕结构，以及筒子在锭子上的固定位置并不是垂直向上，而是水平偏上，使整经时纱线张力的不匀状态较络筒时更为严重。

**(2) 均匀整经张力的措施**

① 减少条带边经纱的曲折角。在分条整经机上，当经纱从筒子架引出后穿入分绞筘，再经分绞筘穿入定幅筘时，将形成一定的曲折角。一般，边经纱的曲折角大，张力也大；中间部分的经纱几乎没有曲折现象，张力较小。因而造成同一条带内经纱张力的不匀。故应合理地安排筒子架到分绞筘的距离，并适当选择分绞筘与定幅筘的距离，以尽可能地减少条带边经纱的曲折角。

② 采用新型张力器，将各根纱线的张力差异控制到最小，有利于各根纱线的张力均匀一致。

③ 合理配置张力圈的重量。整经时的经纱张力与张力圈重量呈近似线性关系，因此，整经张力的大小主要取决于张力圈的重量。确定张力圈重量的原则是：

A. 在保证经纱卷绕密度适当、经轴成形良好，且不因张力圈过轻反跳而造成动态张力不匀的前提下，张力圈重量配置以轻为宜。

B. 在机械状态和原料不变的情况下，低特纱可配以轻张力圈，高特纱可配以重张力圈。为了整经张力更加均匀，也可根据整经时片纱张力的分布特征，分层分段地在筒子架上配置张力圈的重量。其原则是：前排重，后排轻；中间层重，上下层轻，且上层比下层重；边经纱的张力圈要重于地经纱的张力圈，以增加边纱张力，有利于布边平整。

分层分段越细，张力越趋于一致，片纱张力差异越小。这虽然对均匀整经张力有利，但增加了生产管理的难度。对于单式矩形筒子架，由于其长度较短，一般可采用上、中、下层分段法；而复式筒子架较长，可采用前、中、后与上、中、下混合分段法。

④ 选用良好的穿纱法。从筒子架上把经纱引向整经机时，穿纱方法的选择既要有利于片纱张力的均匀，又要考虑到操作上的方便。

⑤ 加强生产管理，保持良好的机械状态。整经大辊筒回转平稳，无跳动现象；开车动作缓和，避免纱线张力突然增加；张力圈回转灵活；筒子锭座位置符合标准等。为了考虑纱线重力的影响，一般要求筒子锭座向上倾斜 10°～15°。

⑥ 采用恒线速整经，增设导条架上升机构，使经纱在卷绕过程中对导辊的包围角保持恒定，以求从机构上消除造成辊筒卷装表面不平整、片纱横向张力不匀的潜在因素。

⑦ 筒子架上筒子的大小搭配要合理。筒子大小对摩擦纱段长度及气圈大小产生直接的影响，根据其基本规律，可以在整经时采用不同筒子架部位配置不同大小筒子的措施，以调节整经时各根经纱的张力，使各根纱线所受的张力尽可能均匀。由于在整经过程中，筒子大小在不断变化，要通过对筒子大小的调节来达到目的，具有较大的难度，而且往往会给实践操作带来较大的麻烦，因此生产中很少采用。在生产小批量品种时，可以根据工厂操作管理的具体情况，进行适当调整。

**7. 分条整经工艺计算**

**(1) 整经条带有关参数的确定** 分条整经时，每个条带（也称绞）的根数 $G_j$ 可按式（5-8）计算：

$$G_j = G_h \times H_j \tag{5-8}$$

式中：$G_j$——每条带(绞)的经纱根数(应小于筒子架容量减去单侧边经根数，应为偶数)；

$G_h$——每花经纱根数(为每花色纱循环数与穿综循环数的最小公倍数)；

$H_j$——每条带所含花数。

说明：

A. 按式(5-8)计算的每绞根数应为偶数，以便整经工放置分绞绳；

B. 头绞和末绞的根数应加上边经纱根数；

C. 中间各绞的根数不得多于筒子架容量减去单侧边经纱根数。

**(2) 整经条带(绞)数** 根据全幅织物总经纱根数的要求，整满一个织轴时所需的条带数可按式(5-9)计算：

$$J=\frac{G_z-G_b}{G_j} \tag{5-9}$$

式中：$J$——整经条带数(绞数)；

$G_z$——总经根数；

$G_b$——两侧边经纱根数之和。

为了方便生产，减少整经工加或减花数的麻烦，按式(5-9)求得的绞数，应尽量取整数，不足或多余的根数应在头绞或末绞中进行调整。

**(3) 条带宽度** 每绞根数求出后，每绞宽度可由式(5-10)或(5-11)计算：

$$K_j=\frac{G_j}{P} \tag{5-10}$$

$$K_j=\frac{G_j}{G_z}\times(B+q) \tag{5-11}$$

式中：$K_j$——条带宽度(cm)；

$B$——上机筘幅(cm)；

$q$——条带扩散系数(即整经辊筒上经纱宽度比筘幅大的值，粗纺毛织物一般取 2)。

条带经定幅筘后发生扩散，高经密品种整经时条带的扩散现象较严重，造成辊筒上的纱层呈瓦楞状。为减少扩散现象，可将定幅筘尽量靠近整经辊筒表面，以减少条带的扩散系数。

**(4) 定幅筘** 定幅筘的计算应包括筘号的确定和每筘齿穿入根数的计算。

筘号表示筘齿的稀密程度。如果根据生产经验预先选定筘号，每筘齿穿入根数可按式(5-12)计算：

$$G_k=\frac{G_j}{\left(K_j\times\frac{N_k}{10}\right)-S_k} \tag{5-12}$$

式中：$G_k$—— 每筘齿穿入根数；

$N_k$—— 公制筘号；

$S_k$—— 条带扩散的筘齿数(一般为 1 ～ 2 齿)。

上式计算结果为小数时，在保证条带宽度不变的情况下，可以适当调整。每筘齿穿入经纱数一般为 4～6 根或 4～10 根。轻薄产品不宜超过 6～8 根，以免辊筒上的纱线排列错乱。

**(5) 整经匹长** 整经匹长的计算取决于坯布匹长和织缩率，其计算公式为：

$$L_p = \frac{L_2}{1-a_2} \tag{5-13}$$

式中：$L_p$——整经匹长。

**(6) 整经长度** 整经长度可按式(5-14)计算：

$$L_z = L_p \times S_p + L_h \tag{5-14}$$

式中：$L_z$—— 整经长度；

$S_p$—— 每轴匹数；

$L_h$—— 机头和机尾回丝长度（一般为 2 m 左右）。

**(7) 斜度板锥角**

$$\tan\alpha = \frac{c}{h}\text{（具有测厚功能的新型分条整经机）} \tag{5-15}$$

$$\tan\alpha = \frac{N_t \times m}{\gamma \times b \times h \times 10^3} \tag{5-16}$$

式中：$\alpha$——辊筒斜度板锥角(°)；

$h$——辊筒转一转定幅筘移动的距离(cm)；

$c$——每层纱的厚度(cm)；

$N_t$——纱线线密度(tex)；

$m$——一个条带的经纱根数；

$\gamma$——纱线卷绕密度(g/cm³)；

$b$——条带宽度(cm)。

为保证条带成形良好，斜角板的倾斜角不宜过大，一般 α=10°～25°。如果纱线比较光滑，为使条带稳定，宜采用较小的 α；若纱线密度大，条带不易滑落，α 可大些。当 α 确定后，再选择合适的条带位移量。几种原料纱线的最大位移量见表 5-1。

**表 5-1　不同原料纱线的条带最大位移角**

| 纱线原料 | 最大位移角(°) | 纱线原料 | 最大位移角(°) |
|---|---|---|---|
| 棉 | 15～26.5 | 黏胶纤维 | 13.5 |
| 涤　纶 | 22 | 羊　毛 | 17.5 |
| 腈　纶 | 19 | | |

## （三）浆纱

### 1. 浆纱工序的任务

(1) 提高经纱的可织性，使经纱增强，耐磨性增加 20%～40%；

(2) 卷绕成浆轴；

(3) 保伸，减伸率为 20%～25%。

**2. 浆纱工序的组成**

**(1) 调浆** 选择浆料并以一定比例配合，调制成一定浓度的浆液。

**(2) 上浆**

① 绞经上浆 将绞纱浸渍浆液，挤压、烘干。优点：设备费用低，操作简便，回丝少，适合小批量、多品种的色织生产；缺点：浆纱质量差，上浆不匀，劳动强度高，生产率低。

② 经轴上浆 若干经轴并合→上浆→烘干→卷绕成浆轴。优缺点与绞经上浆相反。

**3. 浆纱工程的要求**

(1) 上浆量符合工艺设计要求，避免过大或过小。
(2) 上浆均匀。
(3) 浆液对纤维有良好的黏附性，即被覆和浸透的比例符合工艺要求。
(4) 上浆后纱线毛羽贴伏，浆膜平滑，柔软而又坚韧。
(5) 上浆后纱线的弹性伸长损失小。
(6) 上浆后纱线的回潮率符合工艺设计要求，浆膜具有一定的吸湿性。
(7) 浆料来源充足，价格便宜，调浆操作简便而安全。
(8) 织物在后处理时，浆料容易退净，废液易净化，不污染环境。
(9) 织轴卷绕质量良好。
(10) 在保证浆纱质量的前提下，不断提高浆纱生产率，并逐步提高浆纱操作的自动化程度。
(11) 节约能源消耗，不断降低浆纱成本，提高浆纱经济效益。

**4. 浆纱设备**

分为烘筒式浆纱机、热风烘筒联合式浆纱机等。

**5. 上浆率**

上浆率($S$)表示经纱上浆后，浆料干重对经纱干重之比的百分率。

$$S=\frac{Y_1-Y}{Y} \tag{5-17}$$

式中：$Y_1$——浆纱干重(g)；
　　$Y$——原经纱干重(g)。

影响上浆率的因素及其控制——

**(1) 浆液的浓度、黏度和温度** 浆液浓度是决定经纱上浆率最主要的因素，在较大范围内改变上浆率时，需改变浆液的浓度。

在浆液温度不变的条件下，浆液浓度和黏度的关系是：浆液浓度大时，黏度也大，浆液不易浸入纱线内部，形成以被覆为主的上浆效果，纱线的耐磨性增加，但增强率小，落浆率高，织造时容易断头；浆液浓度小时，黏度也小，浆液浸透性好而被覆性差，浆纱耐磨性差，织造时易被刮毛而断头。因此，浆液浓度和黏度与上浆率的高低、浸透与被覆及上浆率均匀程度均有密切的关系。在上浆率相同的条件下，浆液在浆纱上的浸透和被覆直接影响浆纱的增强和耐磨性。浸透率与被覆率也和黏度直接相关。在浆液浓度相同的情况下，浆液温度低时，浆液黏稠，浸透性差，造成表面上浆；反之，浆槽温度高，浆液流动性好，浸透性好，但是被覆性差，浆纱的耐磨性和弹性较差。要保证规定的上浆率，必须控制浆液的浓度、黏度和温度。

**(2) 浸浆长度** 浸没辊的直径和位置高低决定了经纱的浸浆长度。浸没辊直径大、位置低，浸浆长度长；反之，浸浆长度短。

在其他条件相同的情况下，浸浆长度直接影响上浆率和浆纱质量。如浸浆长度长，浆液浸透条件好，上浆率增高；反之，则减小。在生产中，一般不采用通过升降浸没辊的方法来调节上浆率。

**(3) 浆槽中纱线张力** 经纱进入浆液，如张力较大，浆液不易浸入纱内，上浆偏轻，吸浆不均匀。为了改善这种情况，设置引纱辊积极拖动经纱输入浆槽，以减小纱线进入浆槽的张力，并稳定浸没辊的位置，从而稳定经纱在浆槽中的张力。

**(4) 压浆力和压浆辊表面状态** 压浆力是指压浆辊与上浆辊间单位接触长度上的压力。一般压浆力为 17.6～35.3 N/cm，压浆力为 98～294 N/cm 时属于高压压浆范畴。压浆力对上浆率有明显影响。在浆液浓度、黏度及压浆辊表面硬度一定时，压浆力增大，浆液浸透性好，被挤压除去的浆液多，因而被覆性差，上浆率偏低；压浆力减小，浸透小而被覆多，上浆率增大，浆纱粗糙，落浆也多。改变压浆辊的加压质量可以调节上浆率，但调节幅度不宜过大，否则会造成浸透与被覆间不恰当的分配。压浆辊压力与上浆率和压出回潮率的关系见表 5-2。

**表 5-2 压浆辊压力与上浆率和压出回潮率的关系**

| | | | | |
|---|---|---|---|---|
| 压浆力(N) | 1 441 | 2 636 | 4 332 | 5 762 |
| 上浆率(%) | 11.17 | 10.12 | 9.86 | 9.4 |
| 压出回潮率(%) | 78.18 | 71.49 | 69.82 | 66.84 |

注：表中数据是在浆液黏度为 13.6 Pa・s、浆液含固率为 11.39%、浆液温度为 90℃的条件下测试的。

压浆辊包覆新绒毯时毛绒长，柔软且弹性好，绒毯包卷也较松，受压后变形能力较大，故挤压区的压强小，被压入浆纱内部的浆液少，将浆纱上的余浆挤压掉的能力差，浆纱表面余浆多。当浆纱出挤压区到达出口时，浆纱和压浆辊上包覆的绒毯的压力解除，恢复了弹性，这时浆液发生第二次分配。绒毯恢复原形会吸收浆纱表面所带的浆液，新绒毯吸浆多。因此，压浆辊包覆新绒毯对上浆的影响是：上浆较均匀，被覆不大，有适当的浸透，上浆率较小。在生产中，新绒毯不能包在压浆辊的外层，因为这样会使压浆辊的表面过软，挤压区内浆液较多，压浆辊容易打滑，造成浆纱起毛并增加伸长，损伤浆纱的弹性。

**(5) 浆纱机速度** 浆纱机速度直接影响浸浆时间和压浆时间。浆纱速度快，一方面浸浆时间缩短，上浆率降低；另一方面压浆时间缩短，压去的浆液少，被覆性好，上浆率增大。在这对矛盾因素中，后者起主导作用。因此，浆纱速度提高时，若其他条件不变，则上浆率提高，浸透差而被覆好；速度慢时，结果相反。

**6. 上浆率的确定**

上浆率偏高，会增加浆料的使用成本，虽然浆纱的强力和耐磨性提高，但浆纱的弹性和伸长率减小，织造过程中断头将增多，而且布面粗糙，影响外观效果。上浆率偏低，纱线的强力和耐磨性都不足，织造时纱线容易起毛，增加断头，影响生产。上浆率与经纱断头的关系如图 5-1。

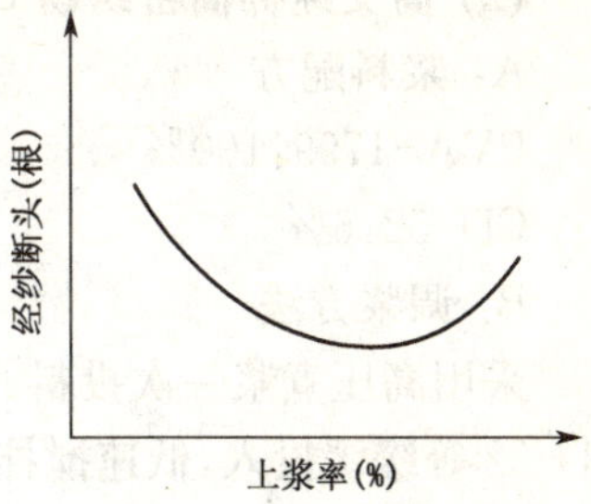


图 5-1 上浆率与经纱断头的关系

上浆率要适当，每种织物都有其最佳的上浆率。通常可参考相似品种来确定新产品的上浆率，也可用经验公式进行计算：

$$S = S_0 \times K_1 \times K_2 \times K_3 \quad (5\text{-}18)$$

式中：$S$——新品种的上浆率(%)；

$S_0$——选定和新品种相似的品种的上浆率(%)；

$K_1$，$K_2$，$K_3$——分别为经纱线密度、10 cm 内每片综的提升次数和经向紧度的修正系数。

$$K_1 = \sqrt{\frac{T_0}{T}} \quad (5\text{-}19)$$

$$K_2 = \frac{X}{X_0} \quad (5\text{-}20)$$

$$K_3 = \sqrt{\frac{\varepsilon_j}{\varepsilon_{j0}}} \quad (5\text{-}21)$$

式中：$T_0$，$X_0$，$\varepsilon_{j0}$——分别为相似品种的经纱线密度、10 cm 内每片综的提升次数和经向紧度；

$T$，$X$，$\varepsilon_j$——分别为新品种的经纱线密度、10 cm 内每片综的提升次数和经向紧度。

相似品种选择得当，表示纤维、浆料、工艺参数及其他影响上浆率的因素变化不大；如有较大的变化，应做相应的修正。

**7. 浆纱生产工艺实例**

**(1) 纯棉特细条灯芯绒上浆配方**

A：浆料配方

| | | |
|---|---|---|
| 淀粉：70 kg | DDF：3 kg | 变性淀粉：20 kg |
| CMS：3 kg | PVA-1799：20 kg | 聚丙烯酰胺：20 kg |
| ACD：20 kg | 乳化油：4 kg | 平滑剂：20 g/100 m |

B：调浆方法

高速调浆桶内加水 0.55 $m^3$，开动高速搅拌器，缓缓投入 PVA，搅匀后投入淀粉、变性淀粉、ACD，搅匀后开蒸汽，煮开后加防腐剂、渗透剂，继续高温搅拌 2.5 h，煮好后打入供应桶定积、定黏，调 pH 值待用。

C：浆液性能

ACD 是一种聚乙烯、丙烯类共聚物浆料，对涤和棉纤维具有良好的黏附力，且与淀粉、变性淀粉、PVA 等化学合成浆料有良好的混溶性。该浆液的黏度低而稳定，浆膜成膜性良好，柔软而富有弹性，可减少 PVA 用量，改善浆膜硬度及弹性，提高经纱被覆、渗透性，减少毛羽产生，且易溶于温水，退浆方便，无毒无污染。

**(2) 高支纯棉高密织物 CD 浆料上浆配方**

A：浆料配方

PVA-1799：100%　　HB-96 磷酸酯淀粉：50%　　CD-PT：10%

CD-52：6%　　火碱：0.2%　　2-萘酚：0.3%

B：调浆方法

采用高压煮浆一次投料。在高温、高压调浆桶内加适量的水，将 PVA、变性淀粉、CD-PT、CD-52 等缓缓投入，低速搅拌 5 min，盖上盖子，开蒸汽煮到 110℃，闷浆 10～15 min，再打入供应箱，校对体积(黏度)后开箱使用。

C：浆液性能

CD-PT 浆料与 PVA、变性淀粉的相溶性很好，使用后提高了 PVA-1799 的分纱性能和浆膜的完整率。

**(3) 纯棉细特高密织物 ASP 浆料上浆配方**

A：浆料配方

玉米淀粉：60 kg　　ASP：20 kg　　DDF：3 kg

平滑剂：1.2 kg　　丙烯酸浆料：6%

B：调浆工艺：体积 850 $m^3$，调浆桶含固量为 10.8%，放浆温度 98℃。

C：浆液性能

ASP 浆料的增强率高，耐磨性好，浆膜光滑柔软，可以完全替代 PVA 用于纯棉细特高密织物的上浆，既可减少因原淀粉上浆、浆膜弹性差而造成的纱线脆断现象，又避免了浆纱干分绞时因浆膜撕裂造成的毛羽再生现象和高温高湿条件下的再黏现象。该浆料黏度稳定，浆液流动性好，煮浆时间短，调浆方便，退浆性能好，既节省能源又减少了后整理工序，使织物总成本得到进一步降低。ASP 浆料采用的是"高浓低黏、高压"的上浆路线，适合于"细特、高密、高速"产品。合理调整浆纱配方和浆纱工艺，可以改善纱线条件，提高织造效率。

**(4) 纯棉细特高密直贡缎上浆配方**

A：浆料配方

PVA-1799：18.75 kg　　FZ-1 型磷酸酯变性淀粉：18.75 kg

XZW-1 型丙烯酸浆料：18.75 kg　　JS-2 变性 PVA：18.75 kg

SA-100 高效平滑剂：0.75 kg　　其他助剂及防腐剂：0.20 kg

B：浆液性能及上浆工艺

JS-2 变性 PVA 的聚合度低，水溶性好，与 PVA-1799 混合使用，能改进浆液的黏度和流动性。为了进一步改善浆膜的黏着力、柔软性和断裂伸长率，加入 XZW-1 型丙烯酸浆料，该浆料含固量较高，黏度低，溶解性和黏附性好，质量稳定，可以改善淀粉与 PVA-1799 的混溶性，减少混合浆液分层，使浆膜柔软，有利于分绞。

为了达到理想的上浆要求，应用高压高浓低黏上浆工艺。浆液黏度为 16～22 mPa·s，上浆率为 15%～17%，浆液温度为 94℃左右，浆纱速度为 35～40 m/min，前压浆辊压力为 14 kN，后压浆辊压力为 11 kN。开车时，前、后压浆辊压力比正常情况下加大 20%，当浆纱机正常运行后，恢复到正常压力。回潮率控制在 5%～6%较为合适。纱线进入浆槽的张力应小些，使引纱辊的表面线速度略大于上浆辊的表面线速度，经纱能主动送入浆液中，使经纱在上浆时基本处于小张力或无张力状态，纱线伸长率控制在 1.5%以下较适宜。分绞区的张力及卷取张力应偏大掌握，有利于降低分绞时的张力波动，提高织轴卷绕密度。

**(5) 纯棉细特防羽布浆料配方**

A：浆料配方

PVA-1799：25 kg　　JS-2 变性 PVA：12.5 kg

FZ-1 型磷酸酯变性淀粉：22. 5 kg　　XZW-1 型丙烯酸浆料：31.25 kg

KS-55 蜡片：1.5 kg

B：浆液性能及上浆工艺

采用 JS-2 变性 PVA 取代一定比例的 PVA-1799，加大磷酸酯淀粉组分，浆液黏度稳定，渗透与被覆合理，浆纱增强率高，减伸率较低，毛羽贴伏好，布机开口清晰，引纬通畅，织造效率高。

细特纱上浆的主要目的是贴伏毛羽、增强和保伸，要求浆纱毛羽再生少、富有弹性，耐磨性能好。上浆工艺应采用“高浓度、低黏度、高压浆力、低压出回潮”的配置。

**(6) 细且高密涤纶短纤织物的上浆配方**

A：浆液配方

E19：40 kg　　PVA-1799：27.5 kg　　KT：5 kg

YL：3 kg　　壳聚糖：0.3 kg

B：浆液性能

涤纶纤维是一种疏水性纤维，吸湿性小，分子排列紧密，结晶度高，同时纤维之间摩擦系数大，易积累静电。纯涤纱易产生毛羽，纱线强力、伸长均较好。因此，上浆的主要目的是改善毛羽和静电问题。此外，由于涤纶纱吸湿性小，不易黏附浆液，纤维表面又很光滑，毛羽不易贴伏，所以涤纶纱线上浆时要求浆液黏附性好，湿抱合力强，浆膜不易脱落，浆膜完整度高，耐摩擦，少静电。

E19 的大分子链上不但引入了大量与涤纶纤维亲和力很好的酯基，增加了黏附性，而且引入了其他基团，使浆膜柔韧性增强；PVA-1799 对涤纶有很强的黏附力；KT 与涤纶有很好的亲和力，能形成柔软光滑的浆膜，分纱轻快，使浆膜完整，减少毛羽；YL 润滑剂具有良好的平滑性，能降低浆纱表面的摩擦系数；壳聚糖在上浆中使用可以取得良好的抗静电效果。

C：上浆工艺

上浆工艺原则为“重被覆、轻渗透”。为保证良好的上浆效果，达到较高的织造效率，采用双浆槽浆纱，可以降低纱线的覆盖系数，使上浆均匀，浆膜完整；采用“两高一低”的浆纱工艺，可以达到重被覆的目的。

**(7) T/C(80/20)13/13 细布上浆配方**

A：浆液配方

变性淀粉：12.5 kg　　JS-1 变性 PVA：37.5 kg

LMA-95：5.5 kg　　SLMD-96：1 kg

B：调浆方法

采用一步调浆法：将待用的调浆桶冲刷干净后加水，水深 50～60 cm，投入变性淀粉；充分搅拌后投入助剂，待助剂溶化后打开蒸汽，加入平滑剂，闷浆 2 h 后定积，校对 pH 值待用。

C：浆液性能

JS-1 变性 PVA 是一种适合于高比例涤/棉混纺纱上浆的浆料，黏度低，浆液流动性好，有利于浆纱渗透，且黏度稳定，上浆性能好。

采用该配方对纱线上浆后，经纱分绞容易，手感滑爽，织造时开口清晰，经纱断头明显减少，好轴率提高，织疵率降低，布面质量、织造效率均能够较大幅度地提高。

**(8) 高比例涤/棉细布使用 KS-22 复合浆料和 KS-55 浆纱蜡片的上浆配方**

A. 浆料配方

PVA-1799:50 kg　　JFJ 酯化淀粉:20 kg　　KS-22:6 kg

KS-55:2 kg　　调浆体积:750 L

B:调浆方法

在调浆桶内加入 0.3 $m^3$ 的水，开动低速搅拌器，开小汽倒入 PVA、JFJ 酯化淀粉、KS-22 和 KS-55，搅拌 10 min 后，加水至 0.7 $m^3$，升温开高速搅拌，打开小汽煮 2 h，定积定黏，闷浆 0.5 h 后投入使用。

C: 浆液性能及浆纱特点

该浆料配方的浆液黏度稳定，黏度波动率为 2%～3%。上浆后纱线手感滑爽，浆纱易分绞，毛羽贴伏好，落浆少，布机开口清晰。

**(9) 涤/黏织物 JFJ 上浆配方**

A：浆液配方

PVA-1799:50 kg　　JFJ:40 kg　　平滑剂:1 kg

B: 调浆方法

在高速调浆桶内放入适量的水，开动慢速搅拌器，先将规定量的 PVA 缓缓加入，再缓缓加入定量的 JFJ、平滑剂，低温慢速搅拌 15 min，逐渐升温到 100℃，快速搅拌 2 h 后，再慢速搅拌，稳定 15 min，定黏待用。

C. 浆液性能

JFJ 以玉米为主要原料，添加多种化工原料，经物化处理而成，其颗粒小、渗透力强、耐磨性好，产品极易溶于水，成浆外观透明清亮，具有良好的黏结性和成膜性。JFJ 与 PVA 的混溶性好，能替代部分 PVA，较大幅度地降低上浆成本。

JFJ 与 PVA 混合浆料既具有良好的混溶性，又具有低黏度、强渗透、易分绞的特点，浆膜完整、光滑柔软且富有弹性，纱线的减伸性可降低 20%，抗磨性可提高 10%。混合浆料不并黏、不结斑，浆液流动性好，浆膜被覆完整，经纱柔软，强力稳定，保伸性好。使用混合浆后，浆液黏皮下降明显，浆膜比纯 PVA 膜薄，渗透比纯 PVA 浆好。

**(10) 人棉/涤长丝仿真丝织物上浆工艺配方**

A：浆液配方

PVA-1799:37.5 kg　　FZ-1 磷酸酯淀粉:37.5 kg

XZW-1 型丙烯酸浆料:18.75 kg　　大油:1.5 kg

甘油:1.5 kg

B：浆液性能

FZ-1 磷酸酯变性淀粉在制造过程中由于大分子链断裂，聚合度较低，相对分子质量较小，使得黏度降低，增加了浆液的流动性和渗透性。该浆料由于酯基的引入，增加了浆液对疏水性纤维的亲和力。糊化速度快，热黏度稳定性较好，具有高浓度低黏度的特点，退浆容易。FZ-1 磷酸酯淀粉具有黏度稳定、黏结力强、浆膜光滑耐磨等特点，可部分取代 PVA。

XZW-1 浆料是丙烯酸类共聚物，在较宽的湿度范围内，其浆膜有适当的吸湿性、稳定的强度、较高的毛羽贴伏率、好的柔韧性和极好的耐磨性，适用于天然纤维、合成纤维及混纺纱的上浆，可取代部分 PVA 浆料，属于低黏高浓浆料。

以 FZ-1 磷酸酯变性淀粉和 XZW-1 丙烯类浆料配合，取代部分 PVA 后，浆液黏度降低，流动性增强，浆液渗透好，浆纱易分绞，浆膜完整，毛羽贴伏率高，浆纱弹性大幅改善，织造开口清晰，织机效率显著提高。

C：调浆方法

混合浆的调浆采用两步法，先在一只桶内将 PVA 煮好，再在另一只桶内将 FZ-1 磷酸酯变性淀粉搅拌均匀，升温至 65℃左右，再打入已煮好的 PVA 和其他浆料，加热至 90℃，闷浆 20～30 min，定积，即可使用。

**(11) Tencel 纤维织物上浆工艺配方**

Tencel 纤维纱线的断裂伸长率较小，不如棉、黏胶、涤纶等纱线。要求上浆时，一方面要控制纱线的回潮率，不能过干；另一方面，浆液渗透不能过大，以防止脆断头和纱线弹性的损失。织造时为了避免开口不清而导致三跳疵布的产生，要求纱线表面的浆膜坚韧而有弹性，即耐磨性好。

A：浆液配方

| | | |
|---|---|---|
| B-210:50 kg | PVA-1799:16.5 kg | 聚丙烯酸浆料:20 kg |
| 大油:5 kg | 氢氧化钠:适量 | 防霉剂:0.12 kg |

B：浆液性能

浆液以变性淀粉 B-210 为主，适量加入 PVA 及聚丙烯酸浆料，以改善浆液的混溶性，提高浆液对纱线的黏附力，同时可利用其吸湿再黏性保持纱线一定的回潮率。

C：上浆工艺

Tencel 纤维经纱上浆应以保伸、耐磨为主要目的，增强是次要的。为此，上浆工艺路线为高浓度、小伸长、少浸透、求被覆、大回潮、保浆膜。

## （四）穿结经

根据织物工艺设计要求，把织轴上的全部经纱按一定规律穿入停经片、综丝眼和筘齿，以便织造时形成梭口，织成所需要的织物，并在经纱断头时能及时停车而不致造成织疵。穿结经设备主要有 G177 型三自动穿经机、G181 型自动结经机和 68-H 型自动结经机。

## （五）定捻和卷纬

### 1. 纬纱准备方法

(1) 纬纱纡子由纺部细纱机直接纺成，经给湿和定捻后供织机使用，这种方法称为直接纬。

(2) 纬纱纡子由绞纱或筒子纱经卷纬工序卷成，这种方法称为间接纬。

(3) 纬纱由织机的车头卷纬装置将筒子纱卷成纡子，供织机使用。

### 2. 纱线定捻

定捻目的是防止纬缩或脱纬，稳定捻度。定捻方法包括自然定捻、加热定捻和给湿定捻。

**3. 卷纬**

卷纬的目的是将纱线卷绕成适合织造加工的纡子，提高纬纱质量。卷纬机有卧锭式和竖锭式之分。

## （六）织造工序的主要任务

将前工序提供的织轴与纬纱（筒纱），按照织物组织的规格要求和工艺规定，在织机上形成各类织物。

**1. 开口机构**

为了使经纬纱在织机上交织成为织物，必须把经纱按照一定的穿法穿入综丝眼，然后使综框按照织物组织所要求的规律分别做上下运动，使绞杆到织口之间的经纱分成上下两层，形成一个允许纬纱引入的空间。这个由分开的经纱包围而成的空间叫梭口。而形成供纬纱引入的梭口由开口机构完成，其作用是：

（1）使综框做升降运动，将经纱分成上下两层，形成梭口；

（2）按织物组织的要求控制综框的升降次序。

无梭织机常用的开口机构有曲柄开口机构、凸轮开口机构、多臂开口机构和提花开口机构等四种。

曲柄开口机构具有结构简单、适应高速的特点，但只能织造平纹组织织物和纬重平织物，一般可用 4 片或 6 片综框。

凸轮式开口机构可根据品种及工艺要求设计不同的凸轮外形，得到不同的综框运动规律，包括运动角与静止角的分配及升降运动的运动性质等，适宜制织平纹、斜纹、缎纹等简单组织织物，最多可装 10 片综框，运转速度可达到 600 r/min 以上。

多臂开口机构具有品种适应性好、翻改品种方便快捷、备品备件少等特点，可制织循环数较多的小提花织物，一般用综可达 16 片或 20 片，最多可达 32 片综框。

大提花开口机构中的每一根经纱都由一根可以单独运动的综丝控制，因此经纱与纬纱的交织规律具有相当大的变换灵活性，织物的经向循环数比较多，可制织复杂的大花纹组织织物。

由于各种无梭织机适宜制织的织物不同，常用的开口机构也不同；喷气织机常用曲柄开口机构、凸轮开口机构、多臂开口机构和提花开口机构；剑杆织机常用凸轮开口机构、多臂开口机构和提花开口机构；片梭织机常用凸轮开口机构、多臂开口机构和提花开口机构；喷水织机常用曲柄开口机构、多臂开口机构，新型喷水织机也采用凸轮开口机构。

**2. 引纬机构**

引纬机构的作用是将纬纱引入梭口，其工作原理是利用具有一定动能的载纬器（剑杆、片梭、空气或水）将纬纱引过梭口。

喷气织机采用压缩气流牵引纬纱和异形筘导流，将筒子上的纬纱引入梭口。喷气引纬主要部件包括：储纬器、主喷嘴、辅助喷嘴、电磁阀、探纬器和异形钢筘等。

剑杆织机采用往复移动的剑状杆，叉入或夹持纬纱，将机器外侧固定筒子上的纬纱引入梭口。剑杆引纬主要部件有储纬器、纬纱探测器、选纬器、剑带操纵轮、接纬剑和送纬剑等。

片梭织机利用片状夹纱器(片梭),将固定筒子上的纬纱引入梭口。片梭引纬主要部件有片梭、投梭凸轮、转子、投梭棒、扭轴及导梭片等。

喷水织机以水为引纬载体,通过喷射水流对纬纱产生摩擦牵引力,从而将固定筒子上的纬纱引入梭口。喷水引纬主要部件有储纬器、水泵、喷嘴、稳压水箱和探纬器等。

### 3. 打纬机构

织机上,将载纬器引入的梭口内的纬纱打向织口,使经纱与纬纱交织形成织物的过程,称为打纬运动。完成打纬运动的机构叫打纬机构。

打纬运动是织机的五大运动之一,打纬机构具有以下作用:

(1) 利用钢筘将引入梭口内的纬纱打向织口,并与经纱交织,形成具有规定纬密的织物;

(2) 利用钢筘的筘齿密度来控制织物的经纱密度及幅宽;

(3) 控制载纬器运动的方向。

无梭织机的打纬机构形式主要有两种:连杆式和凸轮式。连杆式有四连杆式和六连杆式之分,采用四连杆打纬机构的较多。它们的作用原理都是利用机构驱动钢筘,将引入织口的纬纱推至织口处,使其前后纬纱相互密切排列而形成织物。打纬运动主要部件有曲柄(曲轴)、连杆、筘座、筘座脚、摇轴、凸轮和钢筘等。

### 4. 卷取机构

在织造生产中,为确保织造过程连续顺利地进行,须将织物有规律地引离织口并卷绕到卷布辊上,这种卷取的动作称为卷取运动。卷取运动由卷取机构完成,其作用是:

(1) 将形成的织物引离织口,并卷绕成一定的卷装形式;

(2) 保证织物的纬密符合工艺要求。

无梭织机的卷取机构有两种形式:机械式和电子式。卷取机构的作用原理是主轴或伺服电机通过齿轮等传动卷取辊(轴)回转,将织物引离织口,然后卷到卷布辊上。机械式卷取机构的主要部件有卷取辊(轴)与齿轮、卷取张力辊、卷布辊、变换齿轮、变速箱等,电子式卷取机构的主要部件有伺服电机、卷取辊(轴)、卷布辊、微机调控编码系统等。

### 5. 送经机构

在织造过程中,由于织物不断地被引离织口,必须从织轴上不断地送出相应长度的经纱,才能保证织造工艺的连续进行。因此,送经机构的作用是:

(1) 从织轴上均匀地送出织造所需的经纱,以适应织物交织的需要;

(2) 保持织造过程中经纱张力稳定。

无梭织机的送经机构有两种形式:机械式和电子式。送经机构的作用原理是主轴或伺服电机通过齿轮、减速器等传动织轴回转,从织轴上送出织造所需的经纱,并通过张力感应装置自动调节送经量。

### 6. 织边机构

无梭织机的单向引纬导致纬纱在布边处不连续,形成毛边。为了锁住织物的布边,使纬纱切断后能与边经交织成牢固的布边,满足织造、后整理加工和销售的需要,故配置织边装置。

无梭织机常用的织边机构有折入边装置、纱罗边装置、绳状绞边装置和热熔边装置。喷气织机常用纱罗边装置、绳状绞边装置、折入边装置，剑杆织机常用纱罗边装置、折入边装置，片梭织机常用纱罗边装置、折入边装置，喷水织机常用绳状绞边装置和热熔边装置。

**7. 断纬自停装置**

断纬自停装置的作用是防止纬纱断头时在织物上形成织疵，在纬纱断头或纬纱筒子即将用完而未及时补充时，使织机停止运转。断纬自停装置有很多种类。

无梭织机通常采用电气式断纬自停装置，有三种类型，即压电式、光电式和电阻式电气断纬自停装置。喷气织机多采用光电式电气断纬自停装置；剑杆织机采用压电式电气断纬自停装置；喷水织机采用消极的引纬方式，它以带有一定量电解质的水作为引纬介质，被引入梭口的纬纱浸润在水中，于是产生一定的导电性能，因此采用电阻式电气断纬自停装置，新型喷水织机现多采用光电式电气断纬自停装置。

**8. 断经自停装置**

在织机运转过程中，当任何一根经纱断头时，使织机立即停车的装置，称为断经自停装置，简称经停装置。经停装置的作用是防止产生缺经、经缩及蛛网等疵点，提高织物质量，同时减轻挡车工的劳动强度，增加看台能力，提高织机的生产率。

无梭织机多采用电气式断经自停装置，利用电气原理检测经纱是否断头，并由电子装置或微机控制，以驱动执行机构，实施关车。

电气式断经自停装置有接触式和光电式两种。技术先进的电气式断经自停装置由微电脑控制，能对经纱断头和经纱过度松弛执行及时、准确的停车动作。

经停架用于安放断经自停装置的经停片和检测部分的其他组件。一般的经停架可以安放6列经停片，经停片的排列密度必须符合工艺设计要求，排列过密不仅磨损纱线，而且易造成经停失灵。为方便断经时的找头操作，织机上配备了断经分区指示信号灯，部分经停架还装有找头手柄，摇动手柄便可看到断经下落的经停片位置。

喷水织机在织造长丝织物时，为了防止经停片刮毛长丝而造成开口不清和经纱断头，通常不使用断经自停装置；但生产短纤纱时，应使用断经自停装置，以保证织物的质量。

**9. 多色选纬和混纬机构**

**(1) 多色选纬机构**　多色选纬机构的作用是织造不同纬纱构成的织物。例如，使用不同颜色的纬纱，以形成配色的条格织物；使用不同细度的纬纱，形成纬向凸条或表里配比不同的多重组织；使用不同捻向的纬纱，形成隐条、隐格效应；用不同捻度的纬纱，形成起趋效果等。

用于多色织造的织机应配备选纬机构，使同幅织物中纬纱的颜色、粗细、捻向、结构乃至原料做有规则的变化，从而满足设计师对面料的外观、色泽、风格等方面的要求。

喷气织机目前较为成熟的选纬方式是双色任意顺序引纬和四色任意顺序引纬；剑杆织机具有极强的纬纱选色功能，能十分方便地进行8色任意选纬，最多可达16色；片梭织机的选纬有四色任意顺序引纬和六色任意顺序引纬；喷水织机的选纬功能较差，最多只能配用三个喷嘴，进行双色纬和三色纬织造。

**(2) 混纬**　无梭织机加工单色纬织物时，为减少因纬纱粗细不匀而造成的纬档疵点，提高产品质量，通常采用两个相同纱线的筒子，将纬纱交替地引入梭口，与经纱交织，这种加工技术称为混纬。每个混纬周期中，两个筒子交替引出纬纱的次数之比称为混纬比，常采用1∶1或2∶2。混纬工作可以由选纬机构或专门的混纬机构完成。

## 三、织造工序主要工艺

### （一）制定工艺参数的原则

（1）改善织物的物理机械性能；

（2）提高织物的外观效应，体现织物的风格特征；

（3）减少织疵，提高下机质量，减少纱线断头，提高生产效率，降低消耗；

（4）兼顾纱线性能（原料、细度、强度等）、织物结构（组织和密度等）、织机形式以及准备工序的半制品质量等因素，进行综合考虑。

### （二）主要工艺

#### 1. 机上主要工艺项目

开口时间、引纬时间、上机张力、后梁的高低及前后位置、经架的高低及前后位置、综框高度、纬密轮、筘幅、筘号等。

#### 2. 产品工艺项目

包括织物总经根数、经纬纱细度、经纬向密度、幅宽、织物紧度、匹长及落布匹数、地组织、边组织以及废边组织的穿综方法等。

### （三）有关工艺解释

（1）开口时间：即上下交替运动的综框平齐的瞬间，也称平综时间，常用平综时主轴转动的角度（刻度）表示。

（2）引纬时间：即载纬器带动纬纱开始进入梭口的时间，常用载纬器进入梭口时的主轴转角表示。

（3）上机张力：即平综时经纱的静态张力。

（4）经位置线：即平综时织口、综眼、经停架中导棒及后梁的四点连线，调节经位置线相当于调节后梁高低位置，同时应调节经停架的高低位置。

（5）开口高度：即开口时经纱随综框上下运动时的最大位移。

（6）筘幅：即经纱的穿筘幅度。

（7）筘号：指钢筘单位长度内的筘齿数，公制筘号的单位采用“齿/10 cm”，英制筘号的单位以“齿/2 英寸”表示。

（8）车速：表示织机每分钟打纬次数的数值，用“转/分(r/min)”表示。

（9）经纬向密度：沿织物幅宽方向 10 cm 内的经纱根数叫经向密度，沿织物长度方向 10 cm 内的纬纱根数叫纬向密度。如果以每英寸内的经纱根数或纬纱根数表示，则为英制密度。

## （四）工艺特点

### 1. 细特高密防羽布

细特高密防羽布的紧度大，经密与纬密接近，而且纬密接近极限，因此织造时打纬阻力大，织口游动大，经纱断头较多。织布工艺易采取大张力、低后梁、小开口的原则，并适当增加后半梭口长度，开口时间可与细平布相同。

### 2. 黏纤纱品种

黏纤纱产品的织机工艺配置应采用小张力、小开口、低后梁、保弹性，以达到优质高效的目的，后梁和停经架均应低于纯棉织物，车间湿度宜控制在64%～68%，湿度超过70%时经纬向断头均增多。

### 3. 斜卡类织物

斜卡类织物上层的经纱多，织口位置应上移，边撑杆应比平纹低1～3 mm，为避免开车时出现经缩浪纹，可适当抬高后梁和经停架，后半梭口尽量延长，大张力可使开口清晰，纬停减少，纹路匀直。

## （五）温湿度对织造的影响

### 1. 温湿度过大

（1）经纱粘连，造成开口不清；
（2）布幅变狭，匹长变长；
（3）布匹回潮率高，不宜久放置，否则易发霉；
（4）车间易结露，滴水；
（5）机件易生锈。

### 2. 温湿度过低

（1）纬纱容易扭曲、崩脱，纬缩、脱纬增加；
（2）布幅偏阔而布长不足；
（3）容易脆断，影响生产效率；
（4）布面毛糙不平整，影响实物质量；
（5）飞花增加。

### 3. 温湿度标准

表5-3 温湿度

| 季 节 | 温 度 | 相对湿度 |
|---|---|---|
| 冬季 | 22～26 | 70%～76% |
| 夏季 | 25～31 | 68%～74% |

## （六）典型织机的工艺参数设计实例

### 1. 有梭织机织制细平布

（1）开口时间为280°，梭口开放角为125°，梭口满开时间为45°，梭口静止角为110°，梭口闭合时间为155°；

（2）投梭时间为77°，112°梭子入梭口，240°梭子出梭口；

（3）卷取时间为20°～182°，张力调节系统开放时间为20°～182°；

（4）卷取运动时间为225°～0°；

（5）纬纱叉被纬纱锤勾住，25°～182°关车，263°诱导完成；

（6）263°～0°换梭，305°扬起背板抬起。

### 2. P1700型和PU型片梭织机织制真丝双绉织物

投梭时间以120°为基准，以筘座向机前摆动开始为0°，地综综平时间在350°左右。织制真丝双绉织物时，采用迟开口工艺，梭口开放、静止和闭合角均为120°，为了形成良好布边，地综综平时间提前到330°。其主要工艺参数为：

（1）扭轴直径17 mm，扭角30°；

（2）梭口大小：上层经丝比导梭片高1 mm，下层经丝比导梭片低3 mm；

（3）后梁高度：低于墙板基准90 mm；

（4）托布脚高度46 mm；

（5）经纱上机张力：弹簧夹旋转到摆动臂杆的第五个凹槽中。

### 3. SM92/93型剑杆织机生产纯棉平布

织机综平时间为320°，织制高经密织物时，由于经纱强度低，织机综平时间要适当延迟，为325°或330°；织厚重织物时应提前，为315°或310°。

### 4. C401/S型剑杆织机生产黏胶纤维细布

C401/S型剑杆织机生产规格为19.7×19.7×267.5×267.5×160的黏胶纤维细布时，打纬终了时间为0°，290°时筘座开始向前，70°时筘座在后止点静止；综平时间为315°，70°时梭口满开，梭口开始闭合时间为190°；65°时送纬剑到达钢筘边铁条处，180°时中央交接纬纱；剪纬时间为67°，开夹时间为295°。

### 5. ZA200型织机织制防羽布

采用日本津田驹公司的ZA200型织机生产T/C 14.5×14.5×519.5×393.5×160的防羽布时，工艺配置如下：

**（1）夹纱器开启时间** 一般情况下开启角为85°～115°，闭合角为230°～260°，在夹纱器开启过程中，纬纱实际飞行时间为130°～170°。

**（2）主喷嘴喷气时间** 始喷时间比夹纱器开启时间早0°～10°，喷完时间比夹纱器闭合时间早5°～10°。

**(3) 辅喷嘴喷气时间** 第一组首喷嘴的始喷时间比纬纱头到达时间早5°～10°，末喷嘴的喷完时间比纬纱到达迟50°～60°；最后一组首喷嘴的始喷时间比纬纱到达早15°～20°，末喷嘴的喷完时间比夹纱器闭合迟10°～20°；中间各组相应调整。

**(4) 喷射压力** 储纱压力、主喷压力和辅喷压力之比大致为1∶2∶4。储纱压力调整至卷绕在喂纱辊上的纬纱呈稳定状态为宜；主喷压力调整到刚好不发生缺纬、测长不匀和松纬故障时的压力；辅喷压力以主喷压力为基础，徐徐降压，降至刚好不发生纬纱减速及纬纱顺利出梭口时的压力。割纱喷气压力调整到停机(20°～30°)时纬纱穿过主喷嘴时不被吹出。

## 四、织造工序主要产质量指标

### (一) 主要产量指标

**(1) 单位产量** 简称单产，是指单位时间内单位机台的产量。织机单产用"[米/(台·时)][m/(台·h)]"表示。单产分为理论单产和实际单产两种，即：

实际单产＝理论单产×生产效率

**(2) 个人产量** 指一个织布工在一轮班工作时间内所看管机台的产量，即：

个人轮班产量[m/(人·班)]＝单产×看管机台×工作时间

**(3) 小组产量** 指一个小组在一轮班工作时间内所管辖机台的产量总和，即：

小组轮班产量[m/(组·班)]＝单产×管辖机台数×工作时间

**(4) 轮班产量** 指一轮班工作时间内所有运转机台的总产量，即：

轮班产量(m/班)＝单产×运转机台数×工作时间

**(5) 入纬率** 指单位时间内纬纱进入织物所交织的长度，单位为"米/分(m/min)"。它是衡量无梭织机生产能力的重要指标，由车速与筘幅决定，即：

入纬率(m/min)＝车速×筘幅

**(6) 断经断纬** 指每台织机在规定时间或规定织物入纬长度内经向和纬向停台次数的和，是反映织机效率、分析停台原因的主要指标。

### (二) 主要质量指标

**(1) 下机一等品率** 指织机落下的布匹中，未经修织，其质量符合国家标准所规定的一等品要求的匹数所占的百分比。

$$下机一等品率(\%)=\frac{下机一等品匹数}{抽查总匹数}\times 100$$

**(2) 疵布率** 指织造过程中由各种因素造成的一处性或连续性降等的匹数所占的百分比。

$$疵布率(\%)=\frac{降等疵布匹数}{生产总匹数}\times 100$$

**(3) 下机匹(米)扯分** 将织机上刚下机的布轴,在验布机上进行检验,按国家棉布质量标准进行评分,以平均每匹(米)布统扯疵点分的多少(单位为"分/匹"或"分/米"),作为指标考核。其中纱疵评分的叫纱疵匹(米)扯分,织疵评分的叫织疵匹(米)扯分。

$$下机匹(米)扯分=\frac{下机疵点分总和}{下机抽查总匹(米)数}$$

## (三) 疵点预防

### 1. 预防人为疵点,做到"五防"

(1) 防清洁工作疵点:要手到、眼到,严格执行清洁操作法,严禁飞花附入织口,造成织疵。

(2) 防操作穿错疵点:织布工要严格按照品种工艺、组织要求进行穿综和穿筘,防止穿错疵点;当班过程中要细查布面,发现穿错及时改正。

(3) 防织轴疵点:巡回中发现倒断头、叉头、绞头应及时处理,待倒断的纱头出来后,应顺经纱方向还原,防止双经疵点。

(4) 防开车疵点:织布工处理完断经、断纬疵点重新开车时,要注意织口是否正常,不良纬纱是否抽出,保证一次开车成功,防止因重复开车造成的横档疵点。

(5) 防油污疵点:织布工在接头时应注意保持双手清洁,做到油污手不接头。

### 2. 严把"五关",预防突发性疵点

(1) 检修平车关:平车或检修机台后,开车时要注意质量变化,如云织、纬缩、稀密路、油渍、断头等,发现异常情况,立即报告。

(2) 工艺翻改关:按工艺要求,掌握翻改后的品种的纬密齿轮、筒管色标、纱线细度、花型等是否正确,防止错织。

(3) 新品种上机关:新品种上机时,要密切注意质量情况,细查布面,检查是否有纬缩、稀密路、缺纬、百脚、卡疵、跳纱等疵点,同时找出最佳开车方法进行操作,提高产品质量。

(4) 挂机、结经关:无梭织机的车速快,更改品种频繁,结经、挂机次数较多,织布工遇结经、挂机时要细查布面,注意品种质量变化,发现问题及时处理。

(5) 开冷车关:做好开车前的准备工作,注意开关车顺序,每台车开车时要以手触碰布边,检查剪边情况,防止关车时边撑处张力加大而造成剪边疵布。

### 3. 预防机械疵点

(1) 发现纬缩疵点:查经纱开口、纬纱成型,喷气织机查气压大小,喷水织机查水压大小,片梭织机查投梭力大小等。

(2) 发现双缺纬和百脚:查探纬器探头(针)是否失灵及气压(喷气织机)、水压(喷水织机)、投梭力(片梭)织机大小等。

(3) 发现毛边和边不良:查剪刀作用、开口状态和边组织穿法。

(4) 发现横经缩:查张力大小和开口时间等。

## 技能训练与能力拓展

**1. 简述均匀整经片纱张力的措施以及在实际生产中的具体做法。**

措施：(1)间歇整经，筒子定长；(2) 分段分层配置张力圈重量；(3) 纱线分排穿入伸缩筘；(4) 保持良好的机械状态，加强操作管理。

具体做法：整经工序一定要确保同一缸纱的经轴卷绕张力一致。首先，同一经轴的片纱张力要均匀，严格按照工艺要求分段分层配置整经张力，并加强日常检查，确保运转过程中张力稳定。其次，同一缸纱中轴与轴的张力要一致，将同一台整经机生产的经轴配成一缸纱，不同整经机生产的经轴，不要混配；同一台整经机生产的一缸整经轴，整经车速要恒定，一轮班中及班与班之间，挡车工不得擅自改变车速；整经传票上写明品种、车号、车速、生产日期，确保浆纱配缸准确无误。

**2. 分条整经时定幅筘如何计算？**

定幅筘的计算应包括筘号的确定和每筘齿穿入根数的计算。如果根据生产经验预先选定筘号，每筘齿穿入根数可按下式计算：

$$G_{\mathrm{k}}=\frac{G_{\mathrm{j}}}{\left(K_{\mathrm{j}}\times\dfrac{N_{\mathrm{k}}}{10}\right)-S_{\mathrm{k}}}$$

式中：$G_{\mathrm{k}}$——每筘齿穿入根数；

$N_{\mathrm{k}}$——公制筘号；

$S_{\mathrm{k}}$——条带扩散的筘齿数(一般为 1～2 齿)。

上式计算结果为小数时，在保证条带宽度不变的情况下，可以适当调整。每筘齿穿入经纱数一般为 4～6 根或 4～10 根，轻薄产品一般不宜超过 6～8 根，以免辊筒上的纱线排列错乱。

**3. 制织一粗花呢，经纬纱细度均为 $9^{\mathrm{S}}$，总经根数 2 196 根，边纱 18×2=36 根，筒子架最大容量为 300 只，地组织的经纱色纱循环为 24，穿综循环为 12，上机筘幅 184 cm，匹长 70 m，共 8 匹，定幅筘每筘 4 入，试进行整经工艺计算。**

(1) 每绞经纱数

$$\text{每绞可选择的最大根数}=300-18=282(\text{根})$$

$$\text{整匹织物花数}=\frac{2\,196-36}{24}=90(\text{花})$$

$$\text{每绞最多可选择的花数}=\frac{282}{24}=11.75(\text{花})$$

为使头绞、末绞与其他绞的经纱根数尽量接近，每绞取 10 花，则：

$$G_{\mathrm{j}}=24\times10=240(\text{根})$$

$$G_{\mathrm{j头}}=G_{\mathrm{j末}}=240+18=258(\text{根})$$

若每绞取 9 花，则 $G_j=216$ 根<240 根，影响生产效率；若每绞取 11 花，则各绞花数不同，造成头绞、末绞的纱线数不同，且与其他各绞的纱线数差别较大。

(2) 绞数

$$J=\frac{2\,196-36}{240}=9(\text{绞})$$

(3) 每绞宽度

$$K_j=\frac{(184+2)\times 240}{2\,196}=20.33(\text{cm})$$

$$K_j(\text{头绞和末绞})=\frac{(184+2)\times 258}{2\,196}=21.85(\text{cm})$$

(4) 整经长度

$$L_z=70\times 8+2=562(\text{m})$$

(5) 定幅筘筘号：每筘 4 穿入，则

$$4=\frac{240}{20.33\times\frac{N_k}{10}-2}$$

得 $N_k\approx 30.5$(筘齿/10 cm)，取 30 筘齿/10 cm。

**4. 采用间歇式整经、整批换筒有何好处？对络筒工序有何要求？**

采用间歇式整经、整批换筒，可以使筒子架上的筒子退绕直径保持一致，使片纱张力均匀一致。要求筒子必须定长，筒子卷装尺寸要保持一致，以减少筒脚纱。

**5. 简述浆液配方的依据。**

(1) 考虑纱线的纤维种类，首先按照“相似相溶”原理，选择具有与纤维相同基团的浆料，其次考虑纤维特性。

例如高涤混纺比 T/C 纱，因涤纶含量高，纱线在织造过程中易聚积静电，纱身毛羽长，织造时易磨损断头，毛羽细长还易使开口不清，所以，浆纱应以加强毛羽贴伏为主。而高涤混纺比 T/C 纱织物的纱线强度和弹性优于常规涤/棉纱，增强和保伸不是浆料配方考虑的重点。但涤纶纤维的比例高，纱线疏水性强，吸附浆液困难，上浆率难以达到要求。而增加浆料的含固量，往往会因浆液的黏皮增加，造成渗透困难，干分绞差，引起浆膜撕裂，毛羽增加，反而加大织造难度。因此，对高涤混纺比 T/C 纱细密织物，经纱上浆必须以良好的浸透为基础，以有效贴伏毛羽为主，保证形成完整、柔韧、坚牢的浆膜。

维纶织物上浆以被覆为主，目的是增加经纱的耐磨性，减小伸长。黏胶纤维具有吸温性强、湿伸长率高、强度低、弹性差和塑性变形大等特点，其经纱上浆应注意保持纱线的强度与弹性。丙纶纤维的上浆要求成膜好、弹性好、伸长小、光滑耐磨，并具有一定的吸湿性。

黏着剂选定后，根据不同的情况，使用不同的助剂。如对于易发霉变质的浆料，往往要加防腐剂；对疏水性强的经纱上浆时，需加入一定量的抗静电剂，以减少织造时静电的产生。

(2) 纱线细度和结构

纱线越细，纱线的强度越低，但表面光滑、毛羽少，弹性较好，上浆时对增强的要求较高，上浆率应较高，浆液应具有较好的浸透性、黏附性，并适当增加柔软剂。反之，纱线粗，经纱强度高，但表面毛羽多，弹性较差，上浆时要求重被覆，上浆率可低一些，柔软剂可少用或不用，但要加大减摩剂的用量。

捻度大的经纱，因吸浆性较差，上浆时应用流动性较好的浆液，采用淀粉浆时宜多加分解剂或配以浸透剂，以加强浆液的浸透作用。

(3) 织物组织和密度

经纬交织点数、经纬纱线密度等，与织造时经纱因开口、打纬所受的摩擦次数及冲击力直接相关。经纬交织点愈多、密度愈高的品种，对浆液和上浆质量的要求愈高。织物密度大，则织造时所受的摩擦大，上浆工艺中应注重增加经纱的弹性及耐磨性，故上浆率要大；而对密度小的织物，上浆时应着重于经纱强度的提高。

对于细布、府绸类织物，由于织物的纱线细，织造紧度高，上浆率应较高，并且要保证经纱上浆后浆膜薄而坚韧，富有弹性，浆纱增强率高，能耐摩擦，上浆时应选择浆液浓度低、有较高的黏着力及良好流动性和浸透性的浆料。其上浆工艺要求为：高浓度，低黏度，高温度，强分解，低张力，小伸长，重浸透及被覆，回潮适中，均匀卷绕。

对于卡其、斜纹类织物，由于斜纹组织的交织点较平纹少，摩擦作用小，因而上浆率较平纹组织织物低，上浆工艺偏重于被覆；对于贡缎类织物，上浆条件应与平纹织物类似，浆纱工艺以减磨为主，但要注意浆液的浸透性，以提高增强作用；对于麻纱织物，上浆率应较平纹织物低，但由于经纱采用高捻纱，因此浆液的流动性要好，以增强浸透作用；对于麦尔纱、巴厘纱织物，上浆工艺应选择小张力、低伸长、低温度、重浸透；对于灯芯绒织物，浆纱工艺可参照斜纹和卡其股线织物。

**6. 织造时确定经纱上机张力应考虑哪些因素？**

确定上机张力的原则有：(1)经密较高或经纱毛羽多时，适当加大上机张力，以利于开清梭口；(2)纬密较大或经纱交错次数多，适当加大上机张力，以利于打紧纬纱；(3)纱线细时上机张力应小些，纱线粗时上机张力应大；(4)上下层经纱的张力差异大，上机张力应大些，防止上层经纱松弛而导致开口不清；(5)经纱质量或上浆质量不良，上机张力应小些；(6)准备工序的经纱张力较均匀时，上机张力可小些，以保护经纱条干；准备工序的经纱张力不均匀时，上机张力可大些，以开清梭口，保持布面匀整。一般可掌握织机上的单纱上机张力不大于细纱断裂强度的30%，实际生产中常根据机上布幅进行掌握。另外，无梭织机的上机张力应略大于有梭织机，因为织机速度快时要求开口的清晰度高。

**7. 织造时如何确定经位置线(后梁高度)？**

经位置线是指经纱处于综平位置时经纱由织口至后梁所构成的一条曲折线。当前部梭口的位置确定以后，主要通过后梁高度的不同配置来改变经位置线，以适应不同织物的要求。

经位置线与织造过程及织物质量的关系为：

(1) 与织机生产率的关系：后梁位置过高，经纱对后梁的包围角增大，经纱张力增加，且上下层经纱的张力差异加大，开口时下层经纱的伸长大，上层经纱缠绕增多，造成断头增加。

(2) 与织物外观质量的关系：适当抬高后梁，使上下层经纱张力不等，打纬时，张力较小的经纱做横向移动，经纱排列均匀，布面丰满；后梁过高时，上下层经纱的张力差异太大，经纱张力不匀，且易产生跳花疵点；后梁较低时，上下层经纱的张力差异小，经纱不易做横向移动，布面不丰满。

(3) 与织物物理机械性能的关系：适当抬高后梁可增加织物强力，但后梁位置过高或过低会使强力降低。

后梁高度应根据原纱条件、织物品种选择，同时兼顾布面外观、断头率及织疵，具体原则为：(1)织制打纬阻力较大的织物，应抬高后梁，以取得较好的打纬条件；(2)容易呈现筘痕的织物，应抬高后梁，以求布面丰满；(3)为使布面组织点突出成颗粒状，应使用较高后梁的不等张力梭口；(4)易开口不清的织物，后梁不宜太高；(5)织造斜纹类织物时，适当降低后梁高度，以减小经纱张力差异，可获得梭口清晰、断头少、效率高的效果；(6)原纱条干不匀，经纱强力也较差时，后梁可低一些，以减小断头率；(7)使用多臂开口机构时，后梁位置应比使用踏盘开口机构时适当降低。

**8. 织造时如何确定开口时间？**

开口时间的早迟决定了打纬时的经纱张力大小、采用不等张力梭口时上下层经纱张力的差异程度及经纱与钢筘摩擦区段的长度。

开口时间与织造过程及织物质量的关系为：

(1) 与织机效率的关系：开口时间过早，打纬时经纱张力提高，筘对经纱的摩擦长度加大；开口时间过迟，打纬区增大，打纬时经纱的伸长及其在综眼中的摩擦移动增加，这两点都会使断头率增加，织造效率降低。

(2) 与织物外观的关系：开口时间早，纬纱易于打紧且不易反退，织物较紧密，且打纬时经纱张力大，整片经纱张力较均匀，使得布面平整，筘痕消除；开口时间迟，织物不显厚密丰满的外观，经纱张力不匀，布面不平整，经纱排列不均匀，易显筘痕。

(3) 与织物物理机械性能的关系：对中支棉平纹织物，开口时间为 216～235 mm 时，织物经纬向强力最大，超过这个范围，织物强力降低；对$\frac{2}{1}$斜纹织物，开口时间为 186 mm 时，织物强力最大。

开口时间应根据织物品种、原料和织机条件进行确定：(1)打纬阻力较大的织物，开口时间应早些，有利于打紧纬纱；(2)经密大或纱线细的织物，开口时间可迟些，以减少筘对经纱的磨损；(3)经纱张力不匀时，为求布面平整，应采用早开口；(4) 使用不等张力梭口时，应配合较早的开口时间，以消除筘痕；(5)织机速度较高时，开口时间应略迟，以利于梭子出梭口；(6)对于宽幅织物，开口时间应迟些，以利于梭子出梭口；(7)使用复动式多臂开口机构时，开口时间应较使用踏盘开口时推迟一些。

**9. 分析“三跳”织疵的特征、产生原因和预防措施。**

**(1) 特征**

3 根及以上的经纬纱互相脱离组织，并列跳成规则或不规则的为跳花；1～2 根经纱或纬纱跳过 5 根及以上称为跳纱；1 根经纱或纬纱跳过 2～4 根，形成星点状的为星跳。

**(2) 产生原因**

① 原纱及浆纱质量方面：原棉质量差，含杂质、大结和松纽等，上浆率低，纱线起毛，并绞倒头等。

② 机械方面：吊综不良，如过高、过低或不平稳，形成开口不清而产生跳纱或星跳。

③ 挡车工操作方面：棉球、羽毛纱、小辫子纱和大结头未及时剪掉，回丝或其他物件附着在经纱上，使经纱咬绞不能顺利开口，造成跳花纱。

**(3) 预防办法**

① 掌握机器性能，看吊综高低是否合适，开口清不清。

② 加强经纱检查，坚持分清三段，及时剪除纱疵。

③ 加强布面织口(第一段)的检查。

④ 掌握巡回时间。

**10. 简述织物生产过程中的整纬拉斜现象。**

纱线捻度、捻向和织物结构之间的相互作用使织物内部的纬纱产生歪斜的应力，亦称潜在的纬斜应力。这种歪斜应力存在于各种织物之中，但大部分品种因其潜在应力较小，表现不明显。牛仔布大多为粗厚的斜纹织物，其纬纱歪斜应力相当大，因此织物的外形尺寸不稳定。采用机械装置积极地消除纬斜应力，使织物提前获得稳定外形的整理过程，称为整纬拉斜。

**11. 织造时产生断边的主要原因是什么?**

边经位置不正，伸幅作用不良；钢筘定幅作用不良，安装不良，不光洁；吊综不良；织轴幅宽与布幅差异过大或边纱松弛。

**12. 织造时产生云织疵点的主要原因是什么?**

云织指纬密的片段变化或稀密不匀，其产生原因是：① 送经机构不正常；② 卷取机构啮合不良，回转不匀；③ 纬纱给湿不良。

**13. 分析喷气织机停台原因。**

高速飞行的纬纱如不能冲破或避过障碍而穿过梭口，就会形成多种形态的引纬故障，造成停台或疵点。喷气织机对梭口的清晰度要求很高，甚至有些经向的小毛病也会造成纬向停台和疵点。具体的原因如下：

(1) 纱线疵点的影响

经纱疵点包括毛羽、条干不匀、弱捻、棉结、大杂质，也包括经纱在准备过程中留下的少量显性疵点，如大结头、辫子纱、飞花附着、脱节等，这些经纱疵点在喷气织机加工时既造成经向停台，也会造成纬向停台，甚至纬向停台多于经向停台。

(2) 织轴疵点的影响

织轴疵点是指倒断头、绞头、并头、边松、松经、脆断、断边等，这些轴疵不但会造成经向停台，其中部分还会造成纬向停台。

(3) 织造工艺参数的影响

开口时间与飞行开始时间不协调，供纬侧的边经开口不良，供纬侧的经纱挂纬纱，纬纱飞行受阻，引起停台。

开口量大小不合适，开口过小，纬纱飞行不畅；开口过大，经纱伸长大，引起经纱断头而停台。

气流引纬力不足、引纬时间迟、纬纱到达晚、经位置线不正确等，导致纬纱松弛而停台。

主喷喷气时间不当，辅喷喷气时间不当，辅喷引导角不当，各组辅喷的喷射角不当，特别是最后一组的喷射角和喷气时间不当，各喷气时间及相关机构的作用配合不当等。

(4) 引纬系统和供纬系统的影响

各喷嘴的喷气压力不足，造成纬纱端部到达迟，纬纱松弛或短纬；纬纱弱捻或在储纬部分反捻使得纬纱扭结；测长不稳定、储纬量不足、主喷嘴内集结飞花，使纬纱引出不畅，造成引入的纬纱短；各喷嘴压力过大，纬纱强度不够，造成纬纱断头；纬纱释放时间、织边机构开口时间、探纬器探纬时间、剪刀剪切作用时间不当，相关各机构的时间配合不当等；主、辅喷嘴的安装高度与角度不标准；剪刀安装高度不良或剪切时啮合不良等。

**14. 某厂利用丰田 JAT710 型喷气织机织造 CJ11.7/CJ11.7 567/346 160 纯棉精梳府绸，织机转速为 700 r/min，时间效率为 90%，上机筘幅为 169 cm，求织机的理论产量、实际产量和入纬率。**

理论产量$=\dfrac{60\times700}{10\times346}=12.14$ [m/(台·h)]；

实际产量=理论产量$\times\eta=12.14\times90\%=10.93$[m/(台·h)]；

入纬率= 转速 × 筘幅 $=700\times1.69=1\,183$(m/min)

**15. 简述淀粉、PVA 和聚丙烯酸类浆料的特点。**

(1) 淀粉为天然高分子聚合物，由于其大分子中含有较多羟基，对纤维素纤维具有良好的亲和作用，但对疏水性合成纤维的黏附性差。淀粉具有资源丰富、价格低廉、不污染环境等优点。淀粉浆的黏度大，不耐热，热稳定性差，成膜性较差，形成的浆膜比较脆硬，浆纱手感粗糙，浆膜的强度高，弹性差，断裂伸长小，现已逐渐被变性淀粉替代。

(2) PVA 即聚乙烯醇，是一种水溶性的合成黏着剂，对各种纤维均具有较好的黏附性能。浆液黏度稳定，成膜性良好，形成的浆膜坚而韧，并具有弹性和耐磨性好、伸长大、强度高等优点。但 PVA 浆膜的分纱性较差，并且会对环境造成污染，正逐渐被变性淀粉和丙烯酸类浆料所取代。

(3) 丙烯酸类浆料与其他浆料相比，其最大的特点是对疏水性纤维具有良好的黏附性，且水溶性较好，形成的浆膜光滑、柔软、延展性强，对环境的污染小。但其吸湿性强，形成的浆膜软而不坚，在车间湿度较大时纱线容易相互黏结，造成开口不清而影响织造效率，所以只能作为辅助浆料。

**16. 以喷气织机 ZA 型和 PAT 型为例，说明喷气引纬工艺参数的确定方法。**

(1) 始喷角 $\alpha_1$：指喷嘴开始喷气的时间所对应的主轴位置角。对于单喷嘴引纬而言，始喷角主要由气压机械参数决定。以凸轮推动的活塞式气压机为例，出气阀的弹簧力越大，始喷角越大，开始喷气时间越晚。由于弹簧调节较麻烦，一般通过改变凸轮安装位置进行调节，以改变始喷角的大小。对于多喷嘴引纬而言，始喷角由机械阀或电磁阀开启时间决定。

（2）始飞角 $\alpha_2$：指纬纱开始飞行的时间所对应的主轴位置角。由于喷气引纬的速度很快，一般情况下，纬纱开始飞行的时间由夹纱装置或储纬测长装置的开启时间决定。

通常 $\alpha_2 > \alpha_1$，即喷气在前，纬纱飞行在后，称 $\alpha_2 - \alpha_1$ 为先导角。先导角大，有利于伸直纬纱头端和加速纬纱启动，但纬纱易解捻，耗气量增加。先导角以 5°～10°为宜，当纬纱启动慢时，应加大先导角。反之，如纬纱易解捻断头时，应减小先导角。

对多喷嘴织机而言，辅助喷嘴开始喷气的时间应早于纬纱头端到达该组喷嘴位置的时间，以减小纬纱飞行的迎面阻力，稳定纬纱飞行速度。

（3）压纱角 $\alpha_3$：指纬纱飞越梭口后夹纱器或储纬销等夹持纬纱的时间所对应的主轴位置角。在始飞角一定的条件下，压纱角大小决定了纬纱实际飞行时间的长短。称 $\alpha_3 - \alpha_2$ 为纬纱自由飞行角。纬纱自由飞行角大，有利于降低纬纱飞行速度，降低喷射气流的压力，但对开口、打纬的配合不利。

（4）终喷角 $\alpha_4$：指喷嘴结束喷气的时间所对应的主轴位置角。对多喷嘴接力引纬而言，是指出梭口侧最后一组喷嘴结束喷气的时间。

通常 $\alpha_4 > \alpha_3$，即压纱在前，结束喷气在后，称 $\alpha_4 - \alpha_3$ 为强制飞行角。强制飞行角大，有利于气流继续握持并伸直纬纱头端，以获得良好的布边，防止出梭口侧产生纬缩疵点等，但耗气量较大。在满足引纬需要的前提下，强制飞行角以小为宜。

（5）剪纬时间 $\alpha_5$：指剪纬装置剪断纬纱的时间所对应的主轴转角。对于机械凸轮式剪纬装置，可通过改变凸轮安装位置来改变剪纬时间。

剪纬时间早，纬纱较短，反之则长。一般剪纬时间应选在综平之后、经纱和纬纱夹紧之时，以便经纱握持纬纱。

**17. 简述织造车间温湿度标准及其对生产的影响。**

（1）车间温湿度标准

① 温度：冬季 22℃以上，夏季 31℃以下。

② 相对湿度：纯棉区 70%～76%，化纤区 67%～74%。

（2）相对湿度过高对生产的影响

① 经纱易粘连，开口不清，增加经纱断头或造成跳花纱。

② 布幅变窄，长度变长。

③ 冬季车间易滴水，机件容易生锈。

④ 布匹回潮率高，堆放过久易发霉。

（3）相对湿度过低对生产的影响

① 经纱强度下降，失去韧性而不易伸长，容易增加脆断头。

② 布幅偏宽，匹长不足。

③ 布面毛糙不平，影响实物质量。

④ 飞花增加，使车间空气混浊，影响职工身体健康。

**18. 采用 TT96-200 型剑杆织机制织幅宽为 157.5 cm、经纬纱均为 JC14.7 tex、经纬密分别为 523.5 根/10 cm 和 283.5 根/10 cm 的府绸，试设计该织物的剑杆织造上机工艺。**

织造主要工艺参数如下：

| 项　　目 | | TT96-200 型剑杆织机 |
|---|---|---|
| 织物品种 | | 157. 5 JC14. 7×JC14. 7 523. 5×283. 5 府绸 |
| 开口时间(°) | | 300 |
| 上机张力(N) | | 1 616～2 424 |
| 后梁高度(mm) | | 1～4 |
| 经停架高度×深度(mm) | | (1～4)×125 |
| 进剑时间(°) | 送纬剑 | 64 |
| | 接纬剑 | 63 |
| 纬纱交接时间(°) | | 180 |
| 接纬剑出梭口时间(°) | | 280～310 |
| 剪纬时间(°) | | 70 |

# 主要参考文

[1] 姜怀.纺织材料学.北京:中国纺织出版社,2005.
[2] 姚穆.纺织材料学.北京:中国纺织出版社,2009.
[3] 李亚滨.简明纺织材料学.北京:中国纺织出版社,2000.
[4] 上海市第一织布工业公司.色织物设计与生产.北京:纺织工业出版社,1984.
[5] 顾平.织物结构与设计学.上海:东华大学出版社,2006.
[6] 蔡陛霞.织物结构与设计.北京:纺织工业出版社,1992.
[7] 关立平.机织产品设计.上海:东华大学出版社,2008.
[8] 毛新华,包玫.机织学(下).北京:中国纺织出版社,2005.
[9] 于新安,郝凤鸣.纺织工艺学概论.北京:中国纺织出版社,2008.
[10] 上海市棉纺织工业公司.棉织手册(上、下).北京:纺织工业出版社,1989.
[11] 任家智.纺纱工艺学.上海:东华大学出版社,2010.
[12] 李丽君,崔鸿钧.机织技术实验教程.上海:东华大学出版社,2009.
[13] 崔鸿钧.现代机织技术.上海:东华大学出版社,2010.
[14] 吴震世.新型面料开发.北京:中国纺织出版社,1999.
[15] 王海生,白锡铭.色织准备.北京:纺织工业出版社,1988.
[16] 濮美珍.苎麻织物的设计与生产.北京:纺织工业出版社,1988.
[17] http://www.sina.com.
[18] http://www.sohu.com.
[19] http://www.baidu.com.